프로세스의 진정한 주인이 되라

프로세스의 진정한 주인이 되라

발행일   2017년 1월 20일

지은이   신 철 민
펴낸이   김 태 영
펴낸곳   프로젝트리서치(주)

출판등록   2016. 11. 14(제2016-000134호)
주소   경기도 성남시 분당구 서현로 170길 풍림아이원플러스 B동 524호
홈페이지   www.projectresearch.co.kr
전화번호   (031)707-7505   팩스   (031)707-7505

ISBN   979-11-960099-0-8 13500 (종이책)
          979-11-960099-1-5 15500 (전자책)

이 도서의 국립중앙도서관 출판예정도서목록(CIP)은 서지정보유통지원시스템 홈페이지(http://seoji.
nl.go.kr)와 국가자료공동목록시스템(http://www.nl.go.kr/kolisnet)에서 이용하실 수 있습니다.
(CIP제어번호: CIP2017001993)

BPMN과 JIRA를 활용한 업무 프로세스 혁신 실천법

프로세스의 진정한 주인이 되라

신철민 지음

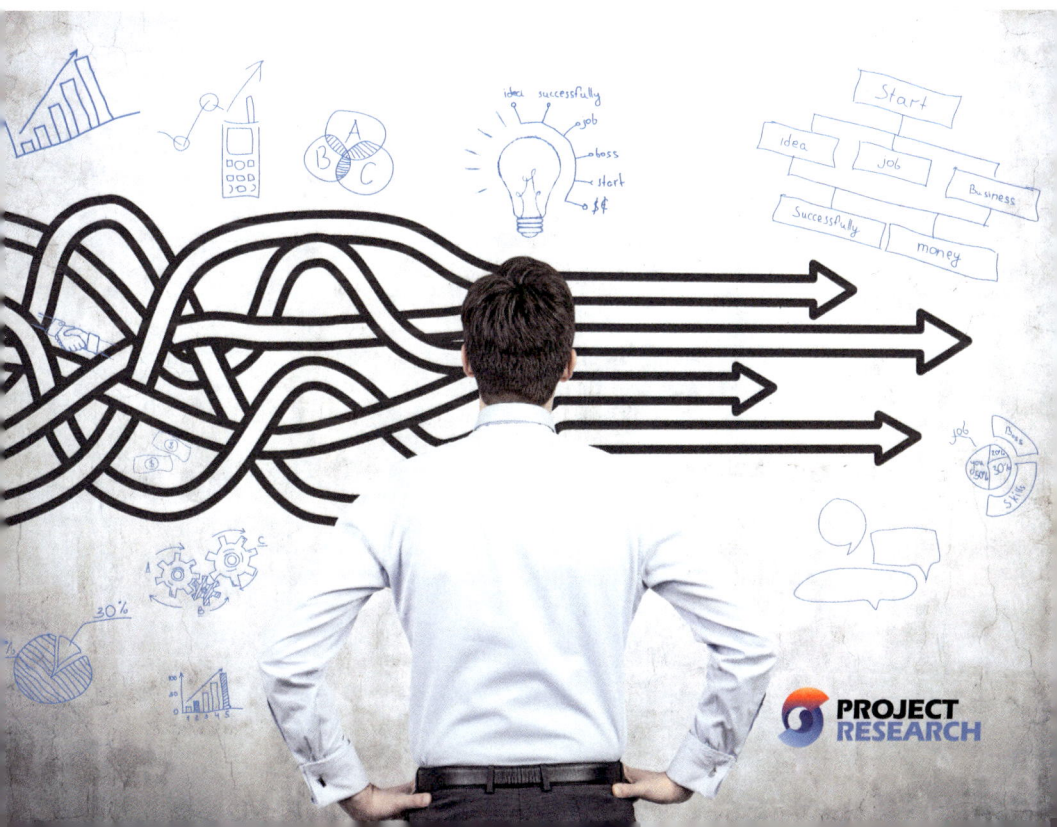

PROJECT RESEARCH

추천사

1987년 미국에서 첫 교수직을 시작해서 경영정보학을 가르치고 있을 때, 미국은 산업 사회에서 정보 사회로의 전환을 주도하고 있었다. PC 보급의 확대, 클라이언트/서버 컴퓨팅의 확산, 인터넷의 출현 등으로 모든 산업의 경영 모델이 혁신되고 있었다. 당시 IT 기술을 이용한 와해적 신규 경영모델의 창출과 IT 기반의 지속적인 경영혁신을 가능하게 한 것이 업무프로세스 재설계(Business Process Reengineering) 기법이었다. 미국 모든 경영대학에서는 BPR을 정규 과목으로 가르치기 시작하였고, 미국 연방정부는 정부 모든 기관의 IT 투자를 BPR 기법으로 기획하도록 법제화하였다. 당시 MIT의 Michael Hammer 교수가 저술한 『Reengineering the Corporation』이란 책에 대해 Google Books에서는 'pioneering book on the most important topic in business circles today: reengineering - the radical redesign of a company's processes, organization, and culture'라 소개하고 있다. 글로벌 선진기업과 정부들은 1990년대 초 이후 한결같이 프로세스 기반의 경영 및 행정을 하고 있다. 선진기업의 경영 전략 수립에 가장 많이 활용되는 가치사슬 분석(Value Chain Analysis)도 경영을 프로세스로 모형화하는 걸 기반으로 한다.

2001년 삼성의 설득으로 귀국하여 삼성SDS 및 타 삼성 계열사들의 IT 기반 경영혁신을 담당하였다. 9년을 삼성SDS에 근무하면서 많은 프로세스 선진화를 이루었지만, 아직도 아쉬운 것은 프로세스 모델링, 끊임없는 프로세스 재설계, 프로세스 설계 기반의 정보시스템 구축을 현장의 뿌리 깊은 문화로 정착시키지 못했다는 점이다.

2000년대 들어 BPR은 Enterprise Architecture, Service-Oriented Architecture, Model-Based Development와 같은 경영전략 수립 기법과 정보시스템 설계 및 개발 방법으로 통합되면서 BPM(Business Process Management)이라는 하나의 방법론 체계를 형성하였고, BPM을 위한 국제표준 모델링 및 시스템 실행 언어(BPMN 및 BPEL)가 마련되었고, 이러한 표준을 지원하는 BPM 플랫폼 및 Application Platform들이 성숙하였다.

요컨대 한국의 모든 기업은 반드시 프로세스 기반의 경영 선진화를 오늘부터 사력을 다해 추진해야만 한다. 이것이 한국의 산업과 경제가 다시 한 번 고성장 궤도로 올라가기 위한 필수조건이다. 문제는 기업의 모든 직원들이, 특히 생산, 판매 등 현장 일선의 직원들이, 어떻게 빨리 프로세스의 개념과 필요성을 이해하고, 프로세스를 정의하고 개선해갈 수 있는 기법과 툴을 소화하여, 프로세스 재설계를 통한 경영성과의 가시적 향상을 체험하고, 나아가 일상적으로 프로세스를 개선해 나가는 문화를 정착시키는 가이다.

2010년 KAIST 교수로 옮긴 후, KAIST에서 BPM 과정을 신설하고, 한편으로는 한국SW기술진흥협회(KOSTA)를 통해 기업 재직자들에게도

BPM 교육과정을 제공해 왔다. 신철민 대표와 전 직장이었던 미래로 시스템의 많은 직원들이 BPM 과정을 수강하고, 배운 것을 현장에서 실천하는 것을 보고, 우리나라 산업의 미래에 대한 희망을 보았다. 신철민 대표는 현장 적용을 넘어서서, 적용 과정에서 얻은 여러 가지 실천적 해결방법과 기술들을 누구라도 쉽게 이해할 수 있도록 정성껏 기록하여 이 책을 통해 공유하고자 한다. 많은 기업에서 일어나고 있는 Knowing-Doing Gap, 즉 지식과 실천의 괴리를 극복한 위대한 사례이다. 하버드 경영대 출판의 『Knowing-Doing Gap』에서 지적했듯이, 지식이 실천으로 이어지지 않는 주요 원인 중 하나가 너무 복잡한 개념과 절차를 가지고 실천을 종용하는 데 있다고 한다. 신철민 대표가 무엇보다도 BPM의 개념과 실행 절차를 누구라도 쉽게 이해하고 실천할 수 있도록 하기 위해, 남달리 많은 생각과 노력을 했다는 것에 대해 찬사를 보낸다.

Value Chain 개념을 창시한 Michael Porter 교수가 최근 Harvard Business Review에 Smart Connected Product, 즉 Industry 4.0, IoT, 4차 산업혁명 등으로도 일컬어지는 최근의 IT 기반 경영혁신 추세에 관한 논문을 게재하였다. 이 논문에서 그는 'Smart, connected products substantially changes the work of virtually every function within the manufacturing firm. What is under way is perhaps the most substantial change in the manufacturing firm since the Second Industrial Revolution more than a century ago.' 라고 선언했다. 모든 산업이 모든 경영 부문에서 또 한 차례의 획기적인 프로세스 재설계를 거쳐야 하는 이 시점에, 이 책이 한국의 많은

기업들에서 '현장 중심의 프로세스 혁신'을 시도하게 하는 도화선이
돼 주길 간절히 바란다.

박준성

KAIST 산업 및 시스템 공학과/전산학과 초빙교수
국제 SW공학 이론 및 방법론 협회(SEMAT, Inc. http://semat.org) 대표이사
비즈니스 분석 전문가 포럼(BAPF) 회장

추천사

대한민국에는 참 뛰어난 사람들이 많다. 특히 개인적인 천재성을 발휘하여 각 분야에서 뛰어난 성과를 달성해 온 많은 이들을 보아왔다. 하지만 이러한 개인적인 천재성이 여러 사람이 함께 협력하여 동일한 목표를 달성해 나가야 하는 환경에서는 구성원의 잠재력을 극대화하지 못하는 경우 또한 많이 보아왔다.

과연 무엇이 문제이고, 개인이 노력할 때와 팀으로써 노력할 때의 차이점은 무엇일까? 함께 일하면 1 + 1 = 2와 같거나 더 커야 하는 것 아닌가? 하지만 실제로는 1 + 1 = 2보다 작은 결과를 내는 조직도 우리는 수없이 보아왔다. 이러한 변화를 가져오는 변수를 사람들은 팀워크 등의 이름으로 부른다.

차이가 발생하는 데는 여러 가지 요소가 있을 수 있다. 어떤 이는 이를 '문화의 차이다'라고 생각할 수도 있고, '리더십의 차이다'라며 대장에게 모든 책임을 전가하기도 한다. 하지만 큰 업무의 흐름에 있어 각 조직원이 큰 그림 내에서 내가 어떤 역할을 하고 있고, 내가 참가하고 있는 업무는 어떻게 진행이 되는 지에 대한 가시성을 가지고, 또 조직에서 내가 한 일에 대한 객관적인 평가를 받을 수 있다면 어떨

8

까? 그리고 그 가시성 및 잣대가 조직의 누구에게나 적용이 된다면?

이 책의 저자는 이러한 도전을 '프로세스 혁신 실천법'이라는 방법으로 해결해 나가려고 한다. 프로세스를 시각화할 수 있는 툴을 통해 업무 프로세스를 정의해 보고, 시스템화를 통해 실제 업무에 적용한다. 그리고 시스템에 축적된 결과를 반영하여 다시 프로세스를 개선한다.

이러한 접근방식은 오래전부터 BPM 등의 이름으로 시도되었다. 하지만 저자는 여기서 '커뮤니케이션'의 중요성을 강조한다. 업무 프로세스를 정의해서 시스템으로 태우는 데 그치지 않고, 그 프로세스상에서 관련자들이 서로 커뮤니케이션 해 나간다는 점도 강조한다. 프로세스의 각 단계는 결과일 뿐이지만, 그 과정에서 일어나는 의사결정을 위한 커뮤니케이션도 프로세스에 녹아든다.

책 속에서 저자는 이 전체 과정을 1. 시각화, 2. 시스템화, 3. 체화라는 단계를 거치며 실현해 나간다. 모두 본인의 실제 경험을 기반으로 기술했기 때문에 마치 하나의 사례를 보는 느낌이다.

'더 체계적으로 일하자', '더 많은 의견을 주고받자', '그 결과를 공유하고 개선하자'. 이 책은 이러한 고민을 가진 경영자, 관리자, 실무자들에게 훌륭한 출발점을 제시하며 혁신과정에서의 동반자가 될 것이다.

류윤상

Atlassian(JIRA개발사) 한국총괄대표

우리 이제 지긋지긋한 '엑셀 지옥'에서 탈출해보자.

보고서_20161214_초안.xlsx

보고서_20161214_김대리 내용병합.xlsx

보고서_20161214_최 이사님 리뷰 내용 반영.xlsx

보고서_20161215_회의내용추가.xlsx

보고서_20161216_최종발표자료.xlsx

보고서_20161216_최종발표자료_사장님 피드백 반영.xlsx

'엑셀 지옥'에서 여러 사람이 함께 일을 진행하기는 어렵다. 일의 내용이 이메일을 통해 답신에 답신으로 꼬리에 꼬리를 물면서 흘러가고, 하나의 내용을 담고 있는 첨부 파일에 사람마다 조금씩 파일 이름을 다르게 붙이기 시작해 종국에는 뭐가 최신의 것인지 도무지 알기가 쉽지 않게 되어 버린다. 이런 상황을 나는 '엑셀 지옥'이라고 부른다.

나 자신과 다른 사람들이 협업하여 일을 진행하는 모습을 사회에 진출한 후로 십여 년간 유심히 관찰했다. 과연 '엑셀 지옥'에서 헤어나올 묘안은 없는지 원인과 탈출 방법에 대해 수없이 고민했다. 해결책을 찾기 위해 고군분투하며 아이디어를 떠올리고 실제 상황에 적용하면서 성공과 실패를 거듭했다. 이 책은 현실을 개선하고자 했던 투쟁의 결과를 체계적으로 정리하여 내 뒤를 따를 다음 사람을 위해 경험을 전하고 통찰을 주고자 썼다.

사람들이 특정한 목적을 이루기 위해 함께 움직일 때 이를 프로세스라고 부를 수 있다. 프로세스는 단순하게 순차적이고 논리적인 과업들의 나열로 보아서는 안 된다. 반드시 프로세스에 참여하는 사람도 함께 보아야만 한다. 사람들이 가지는 감정에도 주의를 기울여 사람들이 만족을 얻을 수 있도록 해주어야 한다. 요컨대 아래의 공식으로 표현해야 맞다.

프로세스 = 일의 논리적인 흐름 + 사람들 간의 의사소통을 통한 만족

프로세스를 통해 가치를 창출하면서도 사람들의 만족도 만들어 내기 위해서는 모든 프로세스 참여자가 더 나은 내일을 위해 함께 노력해야 한다. 누가 갑이고 누가 을인지 따지는 주도권 싸움은 한켠에 접어두고 프로세스를 주도하는 주체를 중심으로 뭉쳐야 한다.

프로세스를 운영하는 주체는 사람들의 생각을 정리해서 핵심 개념으로 보기 좋게 만들고 직접 손을 대어 사용하는 것처럼 만들어 주고 사용자들이 불편함을 느끼지 않는지 끊임없이 살펴야 한다. 프로세스 사용자는 불평, 불만만 늘어놓지 않고 자신의 실무에서의 경험과 노하우, 불편함이 있다면 개선 아이디어도 함께 운영 주체에게 전달해야 한다.

프로세스를 운영하는 주체와 사용자가 서로를 배려하며 함께 더

좋은 방향으로 나아가고자 노력한다면 언젠가는 반드시 프로세스 참여자 모두가 '내가 이 프로세스의 진정한 주인'이라는 사실을 느끼게 되는 순간이 오리라 확신한다.

이 책은 사람들이 프로세스의 진정한 주인이 되도록 해 주는 실천법을 제안한다. 실천법에서는 사람들의 머릿속에만 있는 경험과 지식을 끄집어내어 다른 사람들에게도 전달하고 공유하기 쉬운 형태로 만드는 단계인 **시각화**, 시스템을 통해 프로세스가 손에 잡히는 듯한 느낌을 전달하는 **시스템화**, 앞의 두 과정을 사람들에게 자연스럽게 익숙해지도록 하는 **체화**의 3단계 과정을 거치도록 한다.

시각화 단계에서는 BPMN이라는 국제 표준 프로세스 표기법을 활용하여 프로세스를 눈에 보이는 형태로 만든다. BPMN은 그간 표준이 없어 중구난방이었던 프로세스 표기법을 통일시킨 표준으로 최근 확산 일로에 있다.

시스템화 단계에서는 SW 개발 업계부터 보급되기 시작하여 모든 팀에게 좋은 도구를 제공하겠다는 목표로 전 세계적으로 무섭게 성장하고 있는 Atlassian사가 개발한 JIRA라는 제품을 프로세스 운영 시스템으로 활용하는 방법에 대해 다루고 있다.

BPMN과 JIRA 모두 실제 업무에서 활용했을 때 엄청난 생산성을 낼 수 있는데 사용법이나 실무에 적용하는 방법에 대해 설명한 한국어로 된 책이나 자료가 거의 전무한 상황이다. BPMN이나 JIRA에 관심을 가지고 있으나 실무에 어떻게 적용해야 할지 막막한 사람에게 한 줄기 빛과 같은 지침서가 되었으면 한다. 사전처럼 곁에 두고 필요할 때 다시 봐야 할 부분을 되새기며 읽어주었으면 한다. 옆에서 잔소리해 주는 코치처럼 느껴준다면 저자로서 더할 나위 없는 행복일 것이다.

이 책에서 나누는 모든 단계를 체득하고 실천하면 좋겠지만 쉬운 일이 아니라는 점을 충분히 이해한다. 꼭 당부하고 싶은 바는 시각화와 시스템화 중에서 관심이 가는 하나의 단계만이라도 시도해보라는 것이다. 생각을 새롭게 하고 몸을 움직이면 반드시 상응하는 결과가 따른다.

'엑셀 지옥'을 탈출하고자 마음먹은 사람, 업무에 흐르는 지식을 체계적으로 관리해야 할 사람, 업무 의사소통에서 혁신하고자 하는 사람이 바로 이 책을 읽어야 할 사람들이다. 3년 전의 나 자신이 바로 그 사람들 중 하나였다. 과거의 나에게 현재의 내가 조언해 주고 싶은 내용을 담았다. 일하는 사람들이 조금이라도 더 좋은 방법을 통해 의사소통하고 데이터를 다루며 통찰을 얻어 더 나은 미래를 기대하게 해주고 싶은 당신에게 이 책이 조금이나마 도움이 되길 바란다.

이 책이 나오기까지 좋은 분들의 도움을 많이 받았다. 일일이 열거하지는 않겠으나 책을 쓰도록 동기 부여해 주시고 물심양면으로 지지해주신 분, 책 쓰는 과정을 함께 달려 주셨던 분들, 통찰과 경험의 기회를 주셨던 분들, 같이 일했었고 현재도 같이 일하고 있는 동료들, 먼저 책을 쓰신 이미 내가 읽은 책과 앞으로 읽을 책의 저자 선배분들, 출판에 도움을 주신 분들, 내가 세상에 당당하게 나갈 수 있도록 항상 든든한 버팀목이 되어주는 사랑하는 가족과 지인들, 이 모든 분들에게 진심을 담아 감사의 마음을 전한다.

2017년 1월

신철민

목차

PART 1   프로세스에 눈을 떠라

PART 2   눈 떴으면 방법을 배워라

PART 3   배웠으면 실천하라

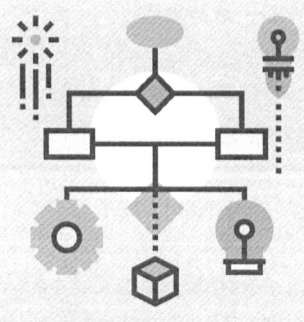

프로세스에
눈을 떠라

업무 프로세스란 무엇이며 실제 벌어지는 상황에 대해 설명한다. 효과적으로 운영되도록 혁신할 수 있는 실천법을 제시하고 실천을 지속함으로써 성과를 내는 것을 강조한다. 마지막으로 실천법을 통해 얻을 수 있는 가치가 무엇인지 살펴본다.

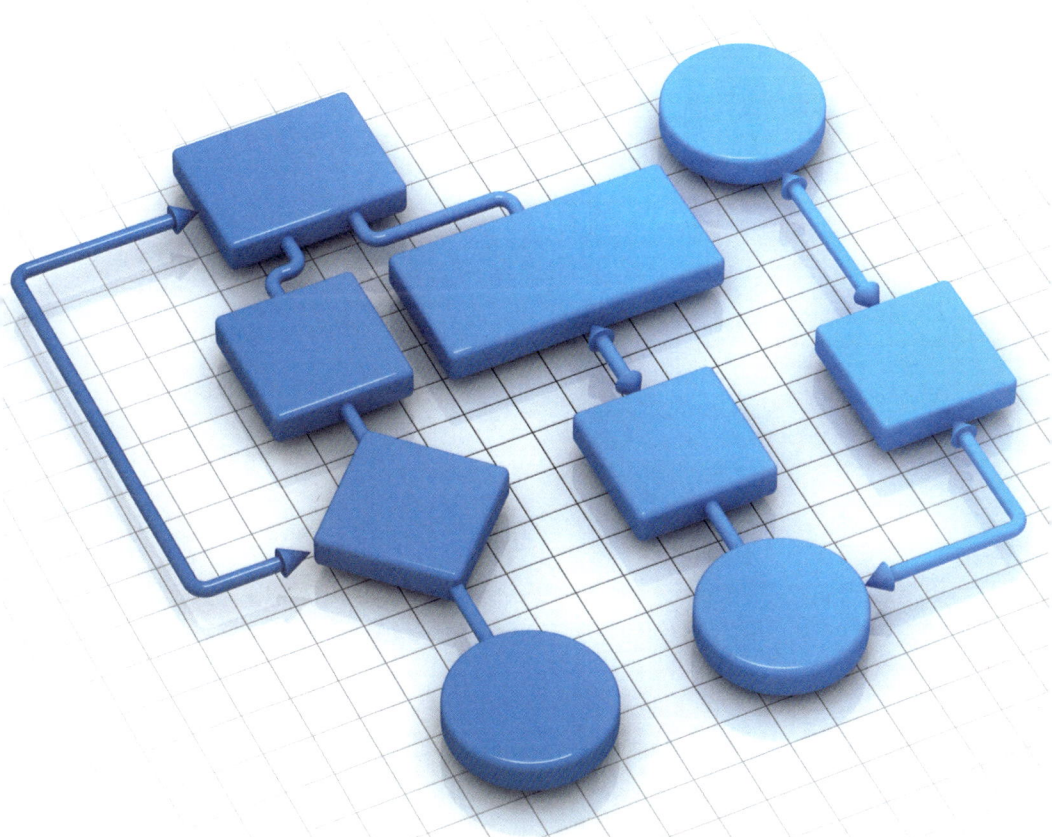

1. 왜 프로세스를 보아야 하는가?

　업무 프로세스는 특정한 업무적인 목적을 달성하기 위해 수행하는 일련의 순서가 있는 행위들의 나열이다. 예를 들면, 어느 회사에서나 반드시 가지고 있는 결재 과정도 업무 프로세스다. 연차 휴가를 사용하기 위해 먼저 휴가원을 작성하고 승인자를 설정해서 기안을 올리면, 승인자들이 당신이 작성한 휴가원 내용을 확인한 후 승인할지 말지 판단하여 승인하거나 반려를 한다. 이 과정을 최종 승인자까지 반복해서 최종적으로 결재가 끝나야 비로소 당신은 맘 놓고 휴가를 갈 수 있을 것이다. 이런 식으로 어떤 특정 목적을 달성하기 위한 일련의 행위 간의 흐름이라고 생각하면 쉽다.

　업무 프로세스는 의사소통을 동반하여 일이 진행되는 흐름이다.

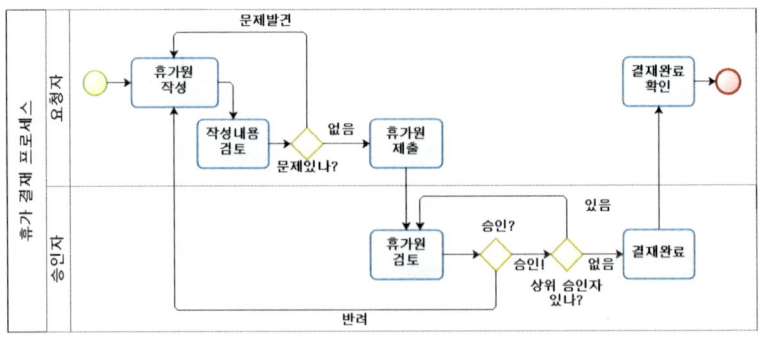

[그림 1] 휴가원 결재 프로세스

그 흐름에는 먼저 달성하고자 하는 목적이 분명히 존재하고, 시작과 끝이 분명히 있으며, 그 중간에는 순차적 또는 병렬적으로 수행되는 일련의 과업Activity들이 존재하는데 그중에는 사람이 직접 수행하는 과업도 있고, 기계나 시스템에 의하여 처리되는 과업도 있다. 과업이 수행되어 가는 과정에서 참가자들이 서로 의사소통하고 정보들을 주고받으며 순서에 따라 이전 단계의 과업이 완료되면 이번 과업을 수행하고 이번 과업이 완료되면 다음 과업을 수행하는 방식으로 프로세스는 진행된다.

비즈니스 프로세스라는 유사한 개념도 있다. 비즈니스 프로세스라는 말은 많은 사람이 사용하고 있고 BPMSBusiness Process Management System라는 실제로 동작하는 시스템 혹은 솔루션도 존재한다. 보통 금융권에서 많은 기관의 시스템 간에 연동을 통해 프로세스가 진행되는 경우에 널리 사용되고 있다. 이 책에서 업무 프로세스라는 용어를 사용하는 이유는 비즈니스 프로세스라는 말만 보고 당신이 '나는 이미 다 아는 내용인데?'라며 이 책에서 말하고자 하는 내용을 읽어보지도 않고서 지레짐작하여 관심을 주지 않을까 걱정되기 때문이다. 많은 부분 비즈니스 프로세스의 기법들과 시스템적인 내용을 차용하여 설명하기는 할 것이나, 사람들 사이에 필요한 의사소통 과정을 더 중요하게 보고, 프로세스 참여자 모두가 자연스럽게 사용하도록 하여 프로세스가 말처럼 어렵다거나 뜬구름 잡는 전문가들만 하는 이야기가 아니라, 당신이 현실 세계에서 밀접하게 접하고 있고 이미 숱하게 경험했었으며 지금도 하고 있고 앞으로도 하게 될 일 임을 강조하고 싶어서이다. 비즈니스 프로세스라는 말을 들었을 때 느끼는 무겁고 어렵고 복잡할 것 같은 느낌이 아니라, 일상적인 생활이나 업무를 진행하면서 머릿속에 있는 프로세스를 최대한 쉽게 표현하도록 하고, 단순하게 정리된 그림을 사람들과 편하게 공유하고 피드백을 주고받으면서 서로에게 좋은 방향으로 발전시켜 나갔으면 하는 마음에서 비즈니스 프로세스라는 말 대신 업무 프로세스라는 말로 표현하도록 하겠다.

당신이 평상시에 업무를 효율적으로 하는 방법에 관심이 많은 사람, 프로세스라는 말에 흥미를 느끼고 관심은 있지만 자세한 내용은 아직 잘 모르고 어떻게 해야 하는지 궁금한 사람, 이론적인 이야기보다 현실에서 벌어지는 리얼한 이야기에 더 흥미를 느끼는 사람이라 가정하고 이야기를 풀어갈 것이다.

2. 프로세스 혁신 실천법을 따르라

프로세스를 어떻게 해야 혁신할 수 있는가를 생각하기에 앞서 먼저 우리가 매일 처하는 일상에서 업무를 처리하는 모습을 떠올려 보자.

일단 업무를 처리하기 위해서 알아야 할 지식이 너무 많다. 일에 관련되는 사람들도 많다. 그런데도 업무 처리에 투입할 수 있는 시간은 적다. 잘못 처리했다가는 회사에 큰 손해를 입힐 수도 있어 '이렇게 하는 것이 맞나?'라고 혼자 속으로 생각하며 불안한 생각이 들기도 한다. 여기까지는 일을 잘 모르는 상황에서 드는 생각이다.

다음은 일에 적응이 끝난 후에 드는 생각들이다. '일이 너무 반복적이라서 따분하다.' '매번 사람들이 번갈아가며 질문을 해대는 통에 정작 내 할 일을 못하게 되네?' '하나하나 건건의 일들은 처리하고 있지만, 전체적인 흐름에 대한 통계적 분석을 해보고 싶은데?' '그냥 내 머릿속을 그대로 복사해서 인공지능에게 학습시켜두고 로봇한테 나 대신 일 하라고 하고 싶다.' 이런 생각을 하는 사람은 이미 업무에 통달한 수준에 도달했을 것이며 그 일에서는 전문가일 테다.

보통 업무가 사람들 혹은 업무 전문가의 머릿속에만 있는 이유는 업무를 프로세스화하기가 귀찮다거나 시간이 없다는 핑계가 아닐까 싶다. 물론 프로세스화하려면 문서도 작성해야 하고 필요하다면 시스템에 구현하거나 반영하고 제대로 동작하는지 확인하는 과정을 거쳐야 한다. 프로세스화를 해야 할 사람은 '지금 하는 일도 바빠 죽겠는데 그런 일까지 추가로 해야 하나?'라며 여력이 없다고 생각하지 않을까? 그런데 프로세스화하는 것이 그다지 어렵지 않고, 프로세스화의 방법 자체도 체계적으로 갖춰져 있고, 결과가 좋으면 승진 포인트나 인센티브 같은 보상도 받을 수 있는 환경이 이미 조직 내에 마련되어 있다고 가정해 보면 어떤 상황이 벌어질까? 아마도 내 일이 아니라거나 바빠서 못 한다는 거부감이 조금은 줄지 않을까?

프로세스화를 했을 때 얻을 수 있는 가장 큰 보상은 업무 전문가 자신이 바로 그 일에서 해방될 수가 있다는 점이다. 프로세스화가 되지 않았을 때는 모든 사람이 그 전문가에게 전화하거나 이메일을 보내거나 해서 물어보는 통에 거기에만 매달려서 정작 자신이 집중해야 할 일을 못 하는 경우가 많았을 것이다. 프로세스화를 해서 사람들이 문서를 보게 한다거나 업무 프로세스 시스템을 통해서 일하도록 하면 자신에게 직접 물어오는 경우가 눈에 띄게 줄어드는 현상을 체험하게 된다. 사람들의 방해가 줄어드니 이 전문가는 자신이 집중해야 할 업무에 더욱더 집중할 수가 있게 될 것이고 그에 따라 당연히 성과도 더 많이 낼 수 있게 된다. 한 가지 덧붙이자면 문서상태로만 존재하는 프로세스는 효과가 미미하고, 실제로 시스템에서 동작하는 살아 움직이는 프로세스를 통해 체감할 만큼 큰 효과를 볼 수 있다.

업무를 수행하기 위해서 많은 문서를 작성해야 하는데 일의 선후관계에 대한 지식이 업무 전문가의 머릿속에만 있기에 이를 알기 위해서는 직접 그와 접촉하여 알아내야 하는 경우가 많다. 이런 상황을 조금이나마 개선하기 위한 방법은 업무 내용을 먼저 문서로 작성하고 사람들이 접하기 좋은 방법으로 공유하는 것이다. 사람들이 자주 물어보는 내용을 Q&A 형태로 정리해 두거나 일의 순서를 그림process map으로 작성해 두고 사람들이 그 문서를 보게 하면 그것만으로도 효과가 있다.

그런데 문서로 작성했다 하더라도 시간이 조금 더 흐르면 변화하는 상황에 따라 문서도 갱신해야 하고 하도 여기저기 뿌려진 예전 문서가 많아 최신 문서가 무엇인지 알 수도 없는 상황에 봉착한다. 이때가 바로 시스템이 필요한 순간이다. 시스템은 실시간으로 현재 상황을 반영하고 있다. 문서가 필요하지 않은 것이다! 가장 큰 장점은 프로세스를 강제할 수 있다는 점이다. 문서로만 정리되어있는 프로세스는 많은 경우 사람들이 보고 참고만 하고 그대로 따르지 않는다. 멋지게 작성되어 벽면 여기저기에 장식만 되어 있을 뿐, 실제로는 그 내용대로 따르지 않고 사람들이 자의적으로 해석해서 일하거나 어떤 경우에는 고의로 무시하는 경우도 생긴다. 이렇게 사람들이 제멋대로 행동하는 것을 막고 진정한 의미에서 표준인 업무 프로세스로 작동시키려면 프로세스 시스템화를 통해 사람들이 무조건 시스템상에서 업무를 진행하도록 해야 한다.

시스템화를 하는 경우에 주의해야 할 점은 사용법이 너무 복잡해서 시스템 자체에 압도된다는 느낌을 주어서는 안된다는 점이다. 사용자들이 만만하게 여기고 사용할 수 있게 해 주어야 한다. 대체 만만하게 여기고 사용할 수 있는 시스템이라 하는 것이 있기나 한지 의심을 할 수 있겠으나, 그런 만만한 시스템은 실제로 존재하고 이미 수많은 사람들이 사용하고 있다. 당신도 업무에 바르게 적용한다면

100% 효과를 볼 수 있다고 장담한다.

'이 사람이 어디서 약을 팔아?'라는 생각이 드는가? 나의 이야기를 하자면 업무와 프로세스 그 어느 것도 모르는 상황에서 시작했고 수많은 방법을 검토하고 조사했으며 최선의 선택이 무엇인지를 항상 고민하여 방향을 정하며 한 발 한 발 앞으로 나아갔다. 이후에는 실무에서 실천하면서 여러 사람과 부대끼며 많은 이야기를 나눴고 모두가 더 좋은 방향으로 가기 위해 때로는 사람들을 설득하기도 하고 남모르는 노력을 하기도 하면서 이론이 아닌 실제 경험을 쌓았다. 당신만은 내가 겪었던 어려움과 잘못된 방법으로 인한 시간 낭비를 겪게 하고 싶지 않다는 간절한 바람이 이 책을 쓰게 된 가장 큰 동기이다. 한번 따라가 보고 싶은 마음이 생겨나는가? 실전에서 프로세스를 활용하기까지는 거쳐 가야 할 과정이 있고 당신은 이 과정에 대해 알아야만 한다.

다음의 3단계 과정을 실천하면 업무 프로세스를 극적으로 혁신하는 것이 가능하다! (이하 실천법이라 부르겠다)

- **1단계: 시각화! 눈에 보이게 하라!**
  표준 프로세스 표기법BPMN을 사용하여 실제 업무를 단순화시켜 문서로 작성하고 공유한다. 당신이 보고 있는 이 그림이 바로 BPMN으로 그린 것이다.

- **2단계: 시스템화! 손에 잡히게 하라!**
  1단계에서 문서로 작성한 프로세스를 가지고 실제로 프로세스를 동작시켜주는 프로세스 시스템에 구현한다(프로세스를 운영할 시스템은 여러 가지가 있지만 여기서는 Atlassian사의 JIRA를 프로세스 시스템으로 활용하는 사례를 중심으로 한다).

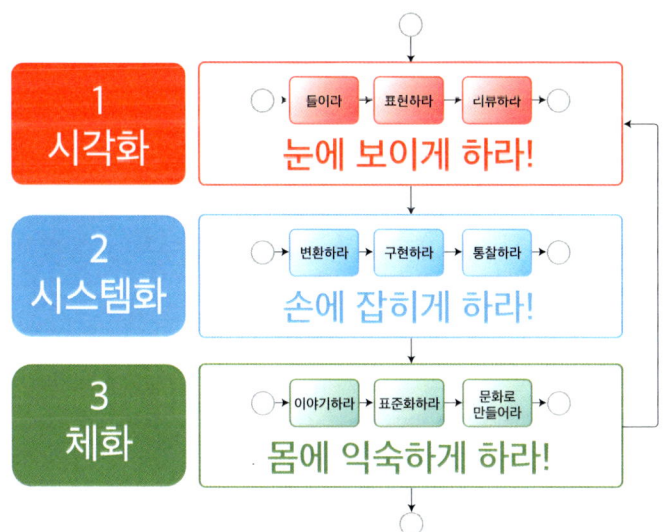

[그림 2] 업무혁신 실천법의 과정

- **3단계: 체화! 몸에 익숙하게 하라!**

  사람들이 1, 2단계를 자연스럽고 당연한 것으로 여기도록 하고 유일무이한 실제 업무수행 방법으로 정착시킨다.

실천법의 3단계 과정을 조금 더 자세히 들여다보자.

1단계에서는 사람들의 머릿속에만 존재하는 프로세스를 BPMN[1] 이라는 국제표준 프로세스 표기법을 통해 프로세스를 눈으로 볼 수 있도록 한다. 제대로 정리된 그림만 볼 수 있어도 사람들은 문제점을 찾아내고 개선책을 도출해 낸다. 그다음으로는 BPMN 표기법에 따라 문서화하는 도구tool를 사용해야 하는데 현재 구할 수 있는 문서 작성 툴만 해도 60여 가지가 넘는다. 이 책에서는 그 가운데 BizAgi

---

1　Business Process Model and Notation, http://www.bpmn.org/

Modeler[2]라는 무료 도구—회사에서 사용해도 무료임, 사용자 등록은 필요—를 사용하여 문서로 작성하는 방법을 권한다. 문서로 만들어놓으면 그 자체로도 효과가 있지만 공유하는 방법도 더 신경 쓰면 활용 효과를 더 크게 키울 수 있다.

2단계에서는 1단계에서 문서화한 프로세스를 실제로 동작하도록 만들기 위한 단계로 프로세스가 손에 잡히도록 만드는 과정이다. 여기서는 Atlassian사의 JIRA라는 제품을 프로세스 시스템으로 활용하는 방법을 소개한다. 물론 이보다 더 나은 시스템이나 방법이 있을 수 있다. 선택은 당신이 할 몫이지만 내가 여러 시스템을 검토해보며 얻어낸 결론은 JIRA라는 제품이었다. 각자가 알고 있고 동원할 수 있는 제일 나은 방법을 동원하면 된다. 시스템이 가져야 할 필요조건으로 그 시스템이 프로세스 또는 워크플로우를 실행해 줄 수 있는 기능을 제공하는지 확인해야 한다. 관리하고 사용하는 방법이 어렵지 않아야 한다는 점에도 유의해야 한다. 관리자 입장에서도 쉬워야 하고 사용자 입장에서도 쉬워야 한다. JIRA는 관리하고 사용하는 방법이 여타 시스템보다는 매우 쉽다. 유연하고 강력한 기능에 비해서 가격도 합리적인 수준이라고 생각한다. 시스템이 어려워서 포기하는 일만은 없도록 해야 한다. 열심히 찾아보면 자신에게 맞는 시스템이 반드시 있을 테니 포기하지 말고 찾아보길 바란다. 검토하고 생각할 시간을 아끼고 싶다면 그냥 JIRA를 사용해 보라.

3단계에서는 1, 2단계에 대해 사람들을 자연스럽고 익숙하게 만드

---

2 http://www.bizagi.com/en/products/bpm-suite/modeler

는 단계이다. 특히 유일무이하게 존재하는 업무수행 방식이 되도록 하기 위한 과정을 이야기하는데 이는 경영진의 강력한 의지, 교육/훈련, 프로세스 전담조직 운영 등 조직 차원의 지원을 필요로 한다. '유일무이한'이라는 단어를 사용한 데는 이유가 있다. 유일무이하지 않으면 사람들이 자의적으로 해석해서 프로세스를 바꿔버리게 된다. 이를 막지 않으면 기껏 시스템에 구현하기까지 해 놓은 프로세스가 무용지물이 될 것이니 유념해야 한다.

프로세스 실천법의 그림을 보면 BPMN 규칙에 어긋나는 오류가 존재한다. 당신의 궁금증을 자극하기 위해 수수께끼로 남겨두고 싶은 마음도 굴뚝같지만, 의도를 숨겨놓은 것이라 여기서 밝히겠다. 나중에 BPMN 작성법에서 구체적으로 설명은 하겠지만 이런 규칙이 있다. '모든 프로세스는 반드시 시작이벤트와 종료이벤트가 있어야만 하고 그사이에는 액티비티가 1개 이상 존재하면서 모두 연결되어야 한다.' 그런데 이 그림에서는 시작이벤트도 있고 종료이벤트도 있지만, 종료이벤트는 연결되어 있지 않다! 3단계 체화 다음에는 1단계 시각화로 다시 돌아갈 뿐이다. 이 표현의 진의眞意는 업무 프로세스화에는 끝이 없다는 것이다. 해보면 정말 끝이 없다. 계속해서 새롭게 접하는 업무, 새롭게 만들어야 할 프로세스가 나오며 기존 프로세스들도 끊임없이 개선해 나가는 일의 반복이다. 하지만 끊임없는 반복의 과정에서 보람, 뿌듯함, 성취감, 자신감이라는 보상을 얻게 된다.

여기서 가장 중요한 부분은 직접 해보는 것, 즉 실천이라는 점을 강조한다! 작은 실천이라도 하고자 하는 의지와 행동, 이것이야말로 모든 일을 이루는 첩경이다. 단숨에 3단계까지 갈 수는 없다. 1단계부터 차근차근 밟아 나가야 한다. 사실 1단계만 해도 꽤 효과가 있다. 실제로 실천해 보면 그 효과를 체감할 수 있을 것이다. 당신이 실천가이기를 진심으로 바란다.

20년 후에 당신은 했던 일보다는 하지 않았던 일 때문에 더 실망할 것이다. 그러니 밧줄을 풀어 버리고 안전한 항구를 벗어나 무역풍에 몸을 싣고 당신만의 항해를 떠나라. 탐험하라. 꿈꿔라. 발견하라.   - 마크 트웨인(미국 작가)

3. 실천법은 지속하는 것이 핵심

이 책을 읽고 한 번은 마음을 단단히 먹고 실천법을 시도해서 효과를 볼 수도 있다. 그러나 진짜로 어려운 것은 그 과정을 여러 번 반복하고 지속하는 것이다. 지속적인 개선이 동반되지 않으면 기껏 만들어 놓은 프로세스들이 제대로 활용되지 않고 사장되어 버릴 수도 있다. 마치 어린아이를 키우듯이, 화분의 화초를 키우듯이 끊임없는 관심이 필요하다. 모든 부모가 다 그런 것은 아니지만 '나는 내 아이를 밝고 상냥하고 예의 바르고 책을 잘 읽는 아이로 키우고 싶다'라는 식으로 육아할 때의 마음가짐이나 방향성을 가지고 있는 경우를 심심찮게 볼 수 있지 않은가? 프로세스화라는 것도 마찬가지가 아닐까 싶다. 일단 키워나가고 싶은 방향성why을 다수의 의견을 모아서 정하고 프로세스들을 이런 방향으로 키워나간다는 생각으로 지속해 나간다면 당신 스스로도 예상하지 못했던 개선 또는 혁신을 만들어 낼 수 있으리라 생각한다.

프로세스화는 한 번에 열심히 해서 성공을 거두면 그것으로 끝나는 일반적인 프로젝트처럼 생각하면 안 된다. 프로젝트의 정의는 '일시적temporary이면서 유일한Unique 결과물을 만들어내는 사람들의 노력Endeavor'이다. 프로세스화를 프로젝트처럼 의욕 있게 추진하면서 '한 번만 제대로 만들어두면 그냥 놔둬도 잘 굴러가겠지'라고 생각한다면 큰 오산이다. 처음에 잘 만드는 것은 물론 중요하다. 시작하지 않으면 아무것도 생길 수가 없기 때문이다. 정말로 프로세스화를 성공적으로 진행시켜 업무 프로세스들도 잘 도출하여 문서화해 놓고(1단계), 시스템 구현까지 성공시키고(2단계), 체화까지도(3단계) 성공했다고 상상해보자. 사실 여기까지 도달하기도 막상 실제로 해보면 쉬운 일은 아니다. 프로젝트로 생각한다면 이 수준에서 끝내든지 아니면 2번째 프로젝트로 고도화(개선)할 수도 있을 것이다. 그런데 이 시점은 실제로는 겨우 걸음마를 뗀 정도로 봐야 한다.

현실에서는 수많은 예상하지 못한 일들이 벌어진다. 상황이 바뀌는 경우도 비일비재하다. 그리하여 프로세스도 필연적으로 바뀌어야만 하는 경우가 반드시 생기게 된다. SW를 개발하는 방법이 일방적이고 순차적이면서 변화를 반영하기가 어려운 폭포수 방식waterfall에서 변화를 능동적으로 받아들이는 애자일 방식agile으로 변해가듯, 프로세스도 민첩하게 변화하는 상황에 맞게 바뀌어야 하고 또 쉽게 바꿀 수 있어야만 한다. 어떻게 보면 프로세스화라는 것은 상시 운영operation 하는 대상으로 보는 관점이 더 맞는 접근방식이다. 실천법을 통해 진정으로 무엇인가를 얻고 싶다면 끊임없는 관심과 관찰, 개선을 지속해야 한다.

마지막으로 가장 중요한 한 가지를 강조하고 싶다. 시작하기 이전에 '왜 이 활동프로세스화을 하려고 하는가?'에 대해 충분히 생각하여 스스로 답을 내야 한다. 단지 누가 시켰기 때문에 마지못해 해야만 한다고 생각할 뿐이라면 아예 시작하는 않는 편이 낫다. 활동을 같이 시작하려는 동료들과 왜 하려고 하는지에 대해 충분히 의논하길 바란다. 그

의논의 시간을 거쳐 답을 얻었다면 이제 남은 일은 '그저 달리기를 시작'하는 것뿐이다.

지속의 중요성에 대해서 좀 더 이론적으로 살펴보도록 하자. Total Quality Management TQM의 전문가인 통계학자 에드워드 W. 데밍은 아래와 같은 PCDA 사이클이라는 품질 개선 방법을 제안했다.

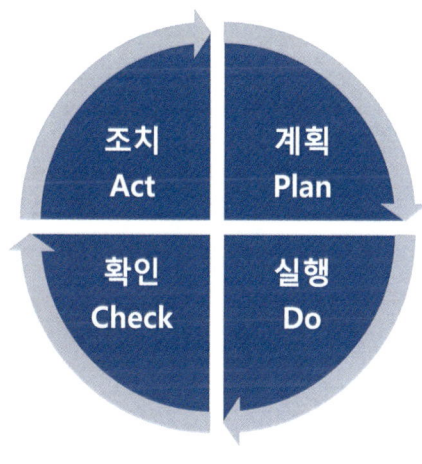

[그림 3] 데밍 사이클(PDCA 사이클)

데밍 사이클(또는 PDCA 사이클)을 요약하면 다음과 같다.

· Plan(계획): 개선활동에 앞서 실시하는 개선계획의 수립 단계로서 문제를 분석하고 결과를 예측한다.
· DO(실행): 개선계획을 실행하는 단계이며, 한정된 조건에서 작은 조치를 취한다.
· Check(확인) 혹은 Study(연구): 작은 조치의 결과에 대해 확인하고 연구한다.
· Act(조치): 프로세스를 표준화하고 개선을 위한 조치를 취한다.

한 번의 사이클은 한 주기의 개선을 위한 활동이라고 보면 된다. 이러한 개선활동을 꾸준히 지속하게 되면 다음과 같은 효과를 거둘 수 있다.

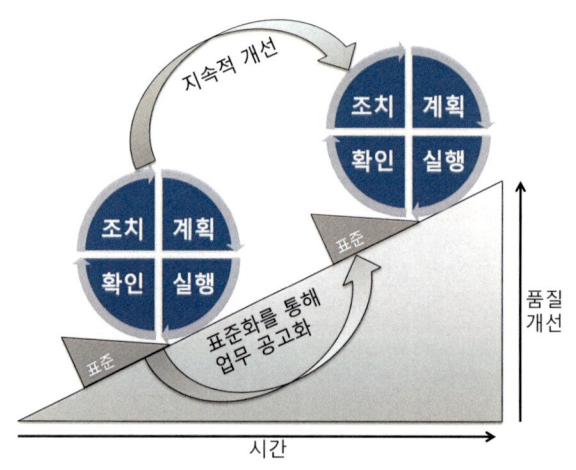

[그림 4] 지속적 개선 메커니즘

프로세스화를 진행하면 위의 그림과 같은 메커니즘을 통해 효과를 거둘 수 있다. 각 사이클(하나의 프로세스 개선)이 바퀴처럼 굴러가고 그 바퀴가 굴러떨어지지 않도록 하는 표준이라는 고임목을 대서 안정화를 이루도록 한다. 그 과정을 다른 프로세스를 대상으로 다시 반복해야 한다. 반복하면 할수록 더 높은 경지에 도달할 수 있다. 그림에서는 품질개선이라고 표현하지만, 효과는 품질뿐만 아니라 다른 여러 부분에서도 발생한다. 예를 들면 업무 처리시간이 짧아져서 야근이 줄어들거나, 지루한 단순 반복 작업을 하지 않아도 될 수도 있다. 그 효과는 직접 해보면 느낄 수 있다.

실천법의 효과는 확실하다. 하지만 당신이 그 효과를 느끼게 되는 순간까지 가는 길이 순탄치 않다는 것 또한 분명한 사실이다. 많은 장애물과 난관이 기다리고 있을 것이다. 아마도 가장 큰 장애물은 엑셀[3]과의 전쟁이리라 확신한다. BPRBusiness Process Reengineering[4]에 대한 Wikipedia의 설명을 보면 BPR이 50~70% 정도 실패하거나 성과가 미미하게 끝나는 경우가 많다고 하면서 그 원인 중 하나로 '프로세스 시스템이나 방법을 사용하다가 발생하는 문제들을 그 안에서 해결하는 것이 아니라 자신들이 편한 엑셀을 사용한다'라고 이야기하고 있다.

나는 엑셀과 애증의 관계이다. 평소 나는 마이크로소프트사Microsoft를 그다지 좋아하지 않는다. 수많은 소프트웨어를 만들고 사람들에게 제공하는 거대기업이지만 생산해 내는 소프트웨어의 수에 비해 정작 제대로 만든 훌륭한 소프트웨어는 손에 꼽을 정도로 적다. 나의 악감정은 MS가 만든 서버 프로그램인 TFSTeam Foundation Server를 관리자 입장에서 관리해보고 뼈에 사무치도록 어려움을 느꼈던 경험 때문에 생기게 되었다. MS에게 하고 싶은 말은 '필요한 모든 기능을 담았다며 선전하지만 정작 제대로 쓸만한 기능은 별로 없다'라는 것이다. 바꾸어 말하면 크게 보면 틀을 갖춘듯 보이나 세부기능 수준에서 들여다보면 사용자를 배려하지 않는 허점들이 가득하다는 의미다. 모든 부분에서 다 잘하기는 어렵다는 사실은 인정해 줘야 하겠으나 내가 사용하는 SW에 문제가 있다면 사용자로서의 나는 좋은 감정을 가지려

---

3 Microsoft사의 Office 패키지 중 Excel 프로그램

4 http://en.wikipedia.org/wiki/Business_process_reengineering

야 가질 수 없다. 내가 작지만 본연적이고 핵심인 기능에 집중해서 제대로 만드는 회사와 제품에 호감을 가지게 된 데에는 이런 경험들이 영향을 미쳤음에 틀림없다. 그렇지만 엑셀은 MS가 만든 제품 중에 드물게도 '가장' 훌륭하다고 진심으로 인정하는 위대한 프로그램이라고 생각한다. 아마도 인류의 발전에 지대한 공헌을 이미 했고 지금도 하고 있는 중이고 앞으로도 할 것이다. 가끔은 아주 사랑스럽게 느껴질 때도 있다. 하지만 엑셀에 대한 좋은 감정은 어디까지나 혼자서 사용하는 경우에만 느낄 수 있다.

실천법을 토대로 업무 프로세스화를 추진하는 주체의 관점에서 보면 엑셀은 가장 나쁘고도 강력한 적이다. 엑셀은 한 개인이 정보를 표 형태로 효과적으로 관리하고 분석할 수 있도록 해주지만, 여러 사람이 협업을 해야 하는 상황에서는 최악의 도구로 변신한다.

직접 경험한 사례를 예로 들어보도록 하겠다. 지난해에도 경험했던 일이다. 사업 계획을 세우기 위해 회사 내의 의사결정자와 각 팀의 리더들이 모였다. 한 자리에서 사업 아이템을 프로젝트화해서 진행할지 하지 않을지 중요한 의사결정을 내리는 활동을 했는데, 사업 계획의 의사결정에 대한 시스템은 아직 없는 상태였기 때문에 엑셀을 이용하여 자료를 만들고 공유했다. 이 과정에서 무슨 일이 일어났을까? 실제로는 의미상 하나의 파일인데 만들어진 엑셀 파일의 수만 30개가 넘었고 그 이름도 각양각색으로 달랐으며 어떤 것이 최신 파일인지 몰라서 예전 파일에 추가 내용을 넣었더니 다른 내용이 바뀌어서 합쳐야 하는 등 별의별 문제들로—이 문서들을 병합하고 관리하는 일이 나의 역할이었기에—엄청난 스트레스를 받았었다.

이 문제를 해결하는 방법은 형상관리시스템(SVN, Git 등)을 사용하는 방법도 있고, 클라우드 서비스를 사용하는 방법도 있다. Office 365라는 MS에서 제공하는 클라우드 서비스도 있고 구글에서도 스프레드시트 문서를 만들 수 있는 기능을 제공하고 있다. 당신이 이 서비스들을 쓰고 있거나 마음만 먹으면 사용 가능한 상황이기를 진심으로 바란다. 나의 경우에는 불행히도 업무상 외부에 노출되어서는 안 되는 보안이 중요한 상황이라 회사 내 정보들의 클라우드 서비스로의 업로드가 불가능하여 어쩔 수 없이 엑셀을 사용해야 했다. 앞으로 엑셀로 인해 발생하는 부정적인 모든 상황을 '엑셀 지옥'이라고 부르도록 하겠다.

당신이 실천법을 통해 업무 프로세스화에 성공했다면 업무 방식을 전환한 다음에는 해당 업무에 대한 엑셀 사용을 일절 금지시켜야 한다. 업무 원칙으로 정해서 엄격하게 적용해야 한다. 사람들이 불편하다면서 한 명 두 명 프로세스 시스템을 무시하고 엑셀을 사용하기 시작하면 업무 프로세스화한 성과 자체가 무용지물로 되어 버릴 수 있다(깨진 유리창의 법칙). 그렇게 되면 그동안의 프로세스화를 위해 투입한 피나는 노력과 시간과 결과는 그저 한 줌의 재로 사라진다.

원칙은 그러하나 막상 현실에서 강제하기는 참 쉽지가 않다. 정말 옆에서 보기에도 너무 바빠서 새로운 방식을 배울 시간도 없어 보이는 사람한테 '왜 새 방식으로 안 하느냐'고 뭐라 하기가 안쓰러울 경우도 생긴다. 사람들을 잘 보듬어 가면서 그들이 프로세스화된 업무에 적응하도록 도와야 한다. 적응하면 분명히 일하는 데 편해진다는 점을 끊임없이 강조하고 익숙해지도록 최선을 다해 도와야 한다. 그러다 보면 어느 시점부터는 문득 많은 사람이 새 방식으로 당연하다는 듯이 일하고 있는 모습을 보게 되는 순간이 온다.

4. 실천법을 통해 얻는 이득

어느 조직에서나 일을 하고 있고 나름의 방식을 가지고 있지만 수행하는 수준은 천차만별이다. 같은 일이라도 느리고 비효율적으로 처리하는 조직이 있는 반면, 어떤 조직은 일의 처리가 매우 빠르면서도 정확하게 수행하기도 한다. 어떤 조직이든 그 일하는 수준이 발전되기를 바랄 것이다. 게다가 꼭 맞는 맞춤옷처럼 자신의 조직에 딱 들어맞는 방식을 찾고자 많은 노력을 기울인다.

일은 어느 곳에서나 수행된다. 영리를 추구하는 회사는 더욱 그러하지만, 정부, 비영리 단체, 하다못해 동창회나 계 같은 사적인 모임에서도 해야 할 일이 있다. 하지만 그 처리하는 방식이나 수준을 들여다보면 천양지차이다. 같은 일이라도 그 일을 하는 사람은 다 다르다. 그 다름의 수만큼 다른 방식이 존재한다. 우리는 표준적인 업무 수행 방법에 대한 가이드라인을 만들고 이를 사람들에게 교육해서 같은 수준으로 끌어올리는 활동을 통해 이 다름 또는 능력 편차의 문제를 풀고자 하는 노력을 한다. 그런 노력을 열심히 하다 보면 결국은 업무 수행 수준의 상향 평준화라는 모습으로 결실을 맺게 된다. 프로세스화를 하는 목적은 바로 업무 수행 능력의 상향 평준화이다.

예로부터 이 일하는 방식, 특히 사람들이 모여서 같은 목표를 달성하기 위해 노력을 합쳐야 하는 상황에 있는 경우에, 그 상황을 어떻게 정의하고 이끌어 나갈지에 대해 많은 생각을 해 왔다. 경영자의 입장에서 업무 수행의 방법 또는 규칙을 어떻게 바라보는지에 대한 관점이라고 봐도 좋다. 이런 관점과 업무 프로세스화가 어떻게 부합하는지 생각해보면 조직 운영에 어떤 가치를 제공할지 알 수 있다.

지식창조 소용돌이 모델(노나카 이쿠지로)

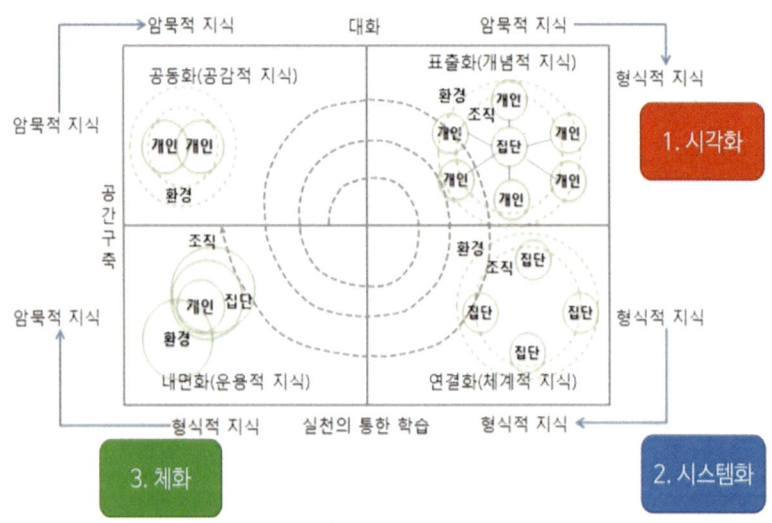

[그림 5] 지식 창조 소용돌이 모델

① 공동화(암묵지 → 암묵지)

공동화는 경험을 공유하여 정신 모델이나 기술 등의 암묵지를 창조하는 과정을 말한다. 언어를 사용한 의사소통을 비롯하여 모방, 관찰 등의 방법이 활용될 수 있으며, 기업 내부의 구성원 사이뿐만 아니라 기업과 고객 사이에도 활발하게 이루어질 수 있다.

② 표출화(암묵지 → 형식지)

암묵지를 구체적인 개념으로 표현하는 과정을 말한다. 은유나 유추를 활용하여 개인 또는 조직이 보유한 암묵적인 노하우나 교훈lessons learned 등을 정리된 문서 형태로 구성하는 과정이다. 일반적으로 머릿속에 암묵적으로 보유한 지식을 구체적이고 명확한 단어로 표현하는 데 많은 어려움이 따르지만, 4가지 과정 중 가장 핵심적인 요소이며, 지식을 표현하는 과정에서 기존 지식에 대해 새로운 발견을 할 가능성이 크다.

③ 연결화(형식지 → 형식지)

형식지를 체계화하여 지식 체계로 전환하는 과정이다. 다양한 유형의 형식지를 분류, 추가, 결합하는 방법을 활용하여 기존에 보유한 정보를 재구성하고 이를 통해 새로운 지식을 창조하는 단계이다.

④ 내면화(형식지 → 암묵지)

형식지로 구체화 된 지식을 개개인의 학습을 통해 개인의 자산으로 흡수하는 과정이다. 기업 경영에서 공동화, 표출화, 연결화 단계를 거친 전사 차원의 지식이나 정신 모델이 개인에게 효율적으로 공유되고, 이를 개인이 이해하고 흡수하는 것은 기업의 문화를 형성하는 데 매우 중요하다.[5]

일본의 피터 드러커라고도 불리는 경영학자로 지식경영의 대가인 노나카 이쿠지로[6] 교수는 1995년 자신의 저서 『지식창조기업』[7]이라는 책에서 지식 창조의 과정을 지식창조 소용돌이 모델SECI로 볼 수 있다는 견해를 제시했다. 우선 각자가 머릿속에 가지고 있는 표출되지 않은 지식을 '암묵지tacit'라고 하고 표출되어 다른 사람이 그 지식을 얻

---

5 출처: SK C&C 컨설팅 블로그, http://consulting.skcc.com/10

6 노나카 이쿠지로: 지식경영의 대가. 경영학자로만 알고 있는 경우가 많은데, 애자일 방식의 개발(스크럼)에도 큰 영향을 준 인물이다.

7 『지식창조기업The Knowledge-Creating Company』, Oxford University Press, 1995

을 수 있는 형태로 구조화된 지식을 '형식지explicit'라고 정의한다. 이 두 가지 지식은 네 단계의 과정(① 공동화 → ② 표출화 → ③ 연결화 → ④ 내면화)을 통해 순환하면서 새로운 지식을 만들어 나가게 된다. '형식지'를 표현하는 방식과 지식창조의 소용돌이 모델에서는 ② 표출화, ③ 연결화, ④ 내면화 과정이 업무 프로세스화와 관련이 있다.

② 표출화 단계에서는 머릿속에 있는 지식을 구체적이고 명확한 단어로 표현하고 어떤 형태로 표현하는 것이 좋은가를 생각하고 실제로 지식을 표출해야 한다. 막상 머릿속 지식을 문서라는 형태로 표출하는 일은 직접 해보면 쉽지 않다. 실천법에서는 사람들이 일하는 과정을 표준 표기법BPMN을 통한 문서화를 통해 표현하게 되는데, 이때 작성된 문서는 그 자체로 형식지이다. 게다가 작성하기도 그다지 어렵지가 않고 그 문서를 보는 사람들도 별다른 추가 교육 없이(익숙한 순서도와 같이 동그라미, 네모, 마름모 같은 도형과 그것들을 화살표로 연결하고 있으므로) 내용을 쉽게 파악할 수 있다. 생각해보면 ② 표출화 단계의 설명과 일맥상통함을 알 수 있다.

다음으로 실천법에서는 문서화된 프로세스가 프로세스 시스템에 구현되어 실행되고 이 과정에서 축적되는 데이터를 바탕으로 다양한 관점에서 분석하면서 새로운 통찰insight을 이끌어내게 되는데 이것은 ③ 연결화 단계와 관련이 있다. ② 표출화 단계에서는 부분적으로 사람들 머릿속의(특히 프로세스에 대한) 지식들이 BPMN이라는 형태를 빌려 표현되기 시작하지만, 여전히 암묵지들이 존재하는 상황이라고 한다면, ③ 연결화 단계는 어느 정도 총체적으로 형식지들이 쌓여있는 상태이기 때문에 사람들이 그 형식지들을 바탕으로 새로운 생각을 하게 되고 그 과정에서 아이디어가 도출되어 새로운 지식을 만들어 내는 단계이다.

실제로 업무 프로세스를 시스템에서 운영하게 되면 많은 데이터가 쌓이게 된다. 이렇게 축적된 데이터를 다양한 관점에서 볼 수 있도록 가시화visualization 방법을 통해 대시보드의 형태로 보여줄 수 있는데 대시보드에 표현되는 여러 가지의 표, 차트 등을 보면 현상에 대한 공통점이나 시사점에 대한 통찰(새로운 지식)을 얻을 수 있다.

예를 들면 유상 서비스 프로세스의 경우, 고객 서비스에 대한 정산을 필요로 하여 청구서를 보내는 과업이 포함된다. 그런데 고객의 정산이 늦어지게 되면 프로세스가 진행되지 않는 문제가 발생한다. 시스템화가 되어있지 않다면 얼마나 늦어지는지 바로 알기가 어렵다. 만일 프로세스가 시스템화되어 있다면 평균적으로 기간이 얼마나 소요되는지에 대한 통계치를 얻을 수 있어 그 원인이 무엇인지 찾아보게 되는 단초를 제공할 수 있다. 결국, 원인을 찾아냈다면 해결책 또한 어떻게든 찾아낼 수 있다. 보통은 전체 업무를 통으로 바라볼 수 밖에 없기 때문에 어느 단계가 문제인지 특정하기가 어렵다. 업무 프로세스화에서는 기본적으로 커다란 업무를 작은 단위의 업무들로 세분화하는 하향식top-down으로 표현하게 되기 때문에 프로세스 정의를 제대로 했다면 문제가 되는 부분을 쉽게 찾아내는 것이 가능하다.

손의 제곱병법 중: 도천지장법(손정의)

손의 제곱병법은 재일교포 3세로 일본 최고의 부자[8]로 잘 알려진 소프트뱅크[9]의 손정의 사장이 만들어 낸 경영의 지침이다. 이 병법은 손정의 사장이 소프트뱅크가 성장한 후에 만들어 낸 것이 아니라, 26~27세 때 병원에 입원해 있던 기간에 수많은 책(3~4,000여 권)을 읽고 사색하여 만들어 냈다고 한다. 그는 이 병법을 항상 뼈에 각인되어 있다고 할 정도라고 하며 극한까지 실천하기로 다짐했다고 한다. 이 병법을 만들어 낸 배경에 대해 손정의 사장이 후계자를 양성하기 위해 체계적으로 교육하는 소프트뱅크 아카데미아에서 후계자 후보들을 대상으로 직접 이야기한 설명을 들어보자.

"'손의 제곱병법'은 2가지 전략론을 바탕으로 제가 20대 때에 고안한 경영전략입니다. 2가지 전략론 중 하나는 기원전 500년경 중국에서 탄생한 병법서 『손자병법』입니다. 그리고 다른 하나는 20세기 전반에 영국의 엔지니어인 프레드릭 란체스터가 고안한 '란체스터의 법칙'입니다. 란체스터의 경우는 극히 일부분만을 참

---

8 미국 경제지 포브스가 발표한 세계 부자 순위에서 2015년 기준으로는 141억 달러로 일본 2위이다. 참고로 일본 1위는 의류업체 유니클로 브랜드를 가진 패스트리테일링의 회장으로 202억 달러의 재산을 보유한 야나이 타다시이다.

9 소프트뱅크는 SW 유통업부터 시작하여 인터넷 서비스 공급 사업Yahoo BB, 인터넷 서비스 포털사이트 운영Yahoo Japan에서 역량을 축적한 뒤, 이동통신 사업에 뛰어들어 3위 후발주자로 시작해서 아이폰을 일본에서 가장 빠르게 독점 공급하고 당시에는 파격적인 요금 정책을 내놓는 전략으로 사업을 급성장시켜 2014년에는 매출, 순이익에서 일본 1위로 도약했다. 총 직원 수는 10만 명이 넘고 프로야구 이대호 선수가 일본에서 활약한 소프트뱅크 호크스의 모기업이기도 하다. 2014년에는 감정인식 휴머노이드 로봇 페퍼Pepper를 20만 엔에 일반 고객 대상으로 출시했다. 페퍼는 클라우드를 통한 딥러닝 기법을 사용하는 인공지능AI으로 스스로 학습한다. '정보혁명으로 사람들을 행복하게 한다'라는 기업 사명을 가지고 있다.

고하기는 했지만, 어쨌든 손의 제곱병법은 2,500년 전 인물인 손자와 20세기의 인물인 란체스터, 그리고 저의 시공을 초월한 합작품인 셈입니다. '제곱'은 '손자병법'과 '손정의의 경영전략'을 단순히 더한 것이 아니라 곱했다는 의미입니다." - 『손정의의 선택』, p.128

"문자판 중에서 『손자병법』에 나오는 문자는 다음의 14개 문자입니다. '道天地將法(도천지장법) 知信仁勇嚴(지신인용엄) 風林火山(풍림화산)' 나머지 11개 문자는 제가 독자적으로 추가한 것입니다. 저는 여러 저자가 쓴 『손자병법』의 해설서를 30권 이상 읽었습니다. 해설서마다 여러 가지 이야기가 적혀 있었는데, 제가 생각하기에 가장 중요한 요소를 추출하고 여기에 이것이 중요하다 싶은 것을 추가했습니다."
　　　　　　　　　　　　　　　　　　　　　　　　 - 『손정의의 선택』, p.130

[그림 6] 손의 제곱병법 25개 문자판

　손의 제곱병법 중에 이념이 가장 중요한 것으로 맨 첫 줄에 등장한다. 그중에 5번째에 등장하는 法(법)이라는 문자에 주목하고자 한다. 法(법)에 대한 손정의 사장의 설명을 보도록 하자.

"'법'이라고 하면 흔히 법률을 생각하는 사람이 많은데, 『손자병법』에서 말하는 '법'은 시스템이나 방법론, 규칙이나 시스템을 만드는 것을 의미합니다. 그러므로 비즈니스 모델이나 플랫폼도 '법'에 포함됩니다. 사실 법률도 원래 법에서 파생된 개념이지만, 손자의 '법'은 법률의 '법'이라기보다는 방법의 '법'이라고 할 수 있습니다. 무작정 키워도 운 좋게 과실이 열릴 수는 있지만, 그래서는 이듬해에 과실이 열리지 않습니다. 근성만으로 얻은 것은 오래가지 못합니다. 성공을 위해서는 시스템을 만들어야 하며, 성공을 위한 법칙을 만들지 않으면 커다란 조직을 만들지 못합니다. 소프트뱅크 그룹에는 일일결산이나 부문별 관리회계 같은 것부터 새로운 비즈니스 모델을 계속해서 만들어내는 방법 등 우리가 독자적으로 만든 다양한 시스템이 있습니다. 그것이 우리의 '법'입니다. 사물을 시스템적으로 생각해야 합니다. 그래야 규모를 키울 수 있습니다."   – 『손정의의 선택』, p.145~146

사람들 여럿이 모여 함께 어떤 일을 해나가야 하는 상황에서는 '법'이 필요하다. 그 옛날 『손자병법』을 쓴 손무가 살았던 2,500년 전이나 지금이나 마찬가지이다. 손정의 사장은 '법'이 법률이기보다 방법이거나 일하는 방식에 더 가까운 개념이라고 이야기하고 있다. 또, 시스템이나 방법론, 규칙이나 시스템을 만드는 것이라고 이야기하는데 방법론, 규칙, 시스템이 왜 필요한 것일까?

이 방법이라는 개념은 어떻게 실체화되어 우리가 일하는 과정에서 접하게 될까? 조직에 처음 발을 들여놓은 사람이 처하는 상황을 예로 들어본다. 한 사람이 조직에 가담하게 되면(회사의 경우 채용 되어 입사, 대학교의 경우 입시에 합격해서 입학 등) 조직에 대한 설명과 더불어 지켜야 할 규칙, 일하는 방법에 대한 내용을 교육받게 된다. 일하는 방법은 먼저 입문 교육에서 대략적인 내용을 문서를 통해 전달받고(실습까지 있으면 금상첨화이겠지만), 그 이후에는 실제 상황에서 함께 일하는 사람들에게 물어보거나 직접 업무를 경험해가면서 적응하게 된다. 요즘에는 PC나 스마트폰 같은 정보기기를 이용해서 일하게 되므로 업무시스템에 대한 내용도 알아야 한다. 조직의 규모에 따라 정도의 차이만 있을 뿐이지 어느 조직에서나 문서, 시스템, 교육은 존재한다. 그렇다면 조직이 이런 문서나 시스템을 만들고 교육하는 이유가 무엇일까?

사람은 본디 개성이 강하고 이기적인 존재들이다. 모두가 다 특별하다. 모두가 다 나름대로 생각하는 방식이 있고 좋고 싫음(호불호)을 가지고 있다. 사고방식도 자유롭다. 이렇다 보니 사람들이 모여서 무엇인가 일을 해야 하는 조직에서는 그렇게 모인 사람들의 수만큼이나 다양하게 생각하고 일을 하게 된다. 여기서 따라야 할 규칙이 없다면 다들 제멋대로 생각하고 자신에게 유리한 방향으로만 일하려고 하게 되기 쉽다. 그렇게 사람들의 역량이 분산되면 일을 제대로 달성해 내기가 어렵다. 성과를 내기가 힘들다는 의미이다. 조직은 성과를 바탕으로 운영되기 때문에 어떻게든 사람들의 역량을 한데로 모아 성과를 내야만 한다. 성과를 내기 위해 사람들은 예전에 일했던 경험이나 지식을 가지고 '다음에는 이렇게 하면 좀 더 일을 잘할 수 있지 않을까' 하는 생각들을 구체화하여 문서라는 형태로 먼저 정리하게 된다 (지식창출 소용돌이 모델의 ② 표출화의 내용을 떠올려 보라). 나중에는 실제로 그 문서를 참고했더니 도움이 되더라는 다른 사람의 경험이 또 쌓이게 된다. 그 과정을 반복하며 조직 내의 각기 다른 분야들에서 문서들이 작성되기 시작하면서, 한편으로는 정보시스템을 만들고, 다른 한편으로는 일할 때 쓰기 편하고 생산성 높은 도구를 찾아내기도 한다. 그리고 어떤 사람은 자신이 일하는 기법에 대해서 정리해서 공유하기도 한다. 결과적으로 이런 것들이 모여 방법론을 구성하게 된다.

　방법론은 다음의 4가지 요소(프로세스, 산출물, 도구, 기법)를 모두 갖춰야
완벽하게 동작할 수 있다.

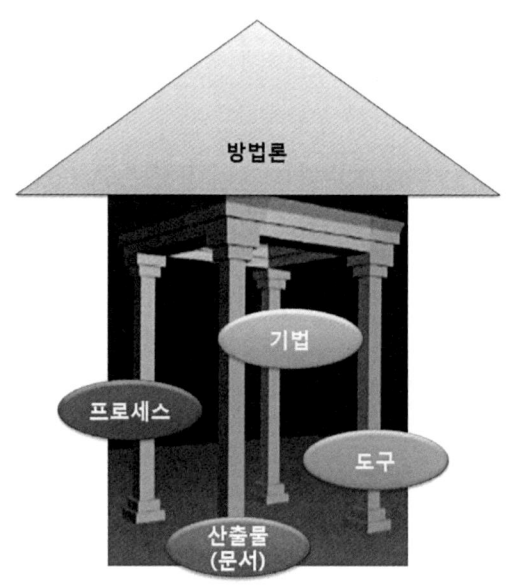

[그림 7] 방법론의 4가지 요소

　방법론을 이루는 요소 중 하나라도 빠지면 방법론 자체가 성립할
수 없음에 유의해야 한다. 방법론 자체를 설명하는 것은 생략하도록
하겠지만, 4가지 요소 중에 프로세스가 있다는 점에도 주목할 필요
가 있다. 사람들은 절차라는 방식으로 바라보기를 좋아한다고 볼 수
있지 않을까?

　조직 내의 각 분야에서 생겨난 방법론들과 업무가 실제로 수행되는
시스템이 갖춰지면 비로소 손정의 사장이 '법'이라고 부른 개념과 가
까워진다. 이 상태에 도달하면 특정 사람에 의존하지 않는데도 성과

가 발생하는 상태가 되며, 그 상태가 지속되기 시작한다. 지속되는 상태까지 반드시 도달해야만 '법'이라고 부를 수 있다.

바로 '법'이라 부를 수 있는 경지에 도달하는 데에 업무 프로세스화의 과정이 지대한 영향을 미친다. 방법론의 형태로 지식을 표출화시키기 위해서 프로세스를 설명해야 하는데 BPMN이 효과적으로 사용될 수 있고 작성된 BPMN은 그 자체로 문서이다. 작성된 프로세스 문서를 실제로 프로세스 시스템에 구현해서 사람들이 활용하도록 할 수 있고, 어떻게 하면 그 시스템을 잘 사용할 수 있는지에 대한 기법도 정리해서 사람들에게 공유해야 한다. 요컨대 업무 프로세스화의 과정을 거치면 '법'이라는 것을 자연스럽게 가지게 된다.

또 한편으로는 몸에 익숙하게 하는 '체화'라는 과정도 강조하고 싶다. 이 책의 핵심 개념인 실천법 3단계에서도 다루고 있다. 조금 더 자세하게 알아보자. '체화'의 사전적 의미는 '생각, 사상, 이론 따위가 몸에 배어서 자기 것이 됨'(국립국어원, 『표준국어대사전』)이라고 되어 있다. 몸에 배어서 자기 것이 되도록 하기 위해서는 먼저 배워야 하고(교육) 실제 연습을 통해(실천) 경험을 쌓아 익숙해져야 한다. 업무 프로세스화를 거쳐 '법' 상태까지 가더라도 그것이 그저 문서에나 적혀 있을 뿐이고 각자의 업무에는 아무 영향을 미치지 않는다면 있으나 마나 한 것으로 전락하고 만다. 실제로 조직 구성원들이 모두 내용을 알도록 교육하고 실천하도록 돕는 행동은 업무 프로세스화 노력 자체(실천법1, 2단계)와 필적할 정도로 중요한 활동이다.

B-I 삼각형의 시스템(로버트 키요사키)

『부자 아빠 가난한 아빠』라는 책으로 유명한 저자인 로버트 키요사키는『부자 아빠의 투자 가이드』라는 책에서 B-I 삼각형이라는 개념에 관해 설명했다. 여기서는 B-I 삼각형의 구성 요소 중 하나인 '시스템'과 업무 프로세스화와의 관계에 대해서 살펴볼 것이다.

B-I 삼각형에 대해서 간단히 소개하도록 하겠다. 당신이 사업체를 직접 경영하거나 직간접적으로 경영에 참여하고 있다면 좋은 통찰을 주는 내용이 많이 있으니 따로 자세히 내용을 파악해보기를 권한다.

먼저 B-I 삼각형의 B-I라는 용어는 사람들을 경제적 측면에서 어디에 해당하는지를 표현한 ESBI 사분면이라는 개념에서 출발한다. E는 봉급 생활자를, S는 자영업자 또는 전문직 종사자를, B는 사업체를 가진 사업가를 말하고, I는 사업체에 투자하는 투자가를 의미한다.

Employee 봉급생활자	**B**usiness Owner 사업가
Self-employed 자영업자 or 전문직	**I**nvestor 투자가

[그림 8] ESBI 사분면

"B-I 삼각형은 사업가의 B 사분면과 투자가의 I 사분면에서 성공하는 데 필요한 지식을 나타낸다."
                                                    - 로버트 키요사키

제품

법적측면

팀   시스템   리더십

의사소통

현금흐름

임무(사명감)

[그림 9] B-I 삼각형

　B-I 삼각형에서는 제일 먼저 '사명감mission'을 먼저 명확히 설정한 다음, 그 사명을 함께 이루기 위한 '팀'을 구성한 후, 모든 팀은 리더를 필요로 하기 때문에 사업체의 각 분야에 대한 '리더십'을 가진 리더를 선정한다. '사명감', '팀', '리더십'을 삼각형의 세 변으로 삼아 지탱할 수 있는 구조를 만든 뒤, 그 안에 다섯 가지의 필수 구성 요소를 채워야 한다.

　다섯 가지 구성 요소는 '현금흐름', '의사소통', '시스템', '법', '제품'이다.

　'현금흐름'은 회계에 사용되는 재무제표 중 손익계산서와 관련이 있다. 어떤 항목의 현금유입(수익)이 생겼고 어떤 항목의 현금유출(지출)이 생겼는지를 금액적으로 비교해 본 것으로 생각하면 된다(현금흐름 = 수익 - 지출). '현금흐름'에 대해 로버트는 "'현금흐름'과 사업의 관계는 혈액과 인체의 관계와 같다. 월말에 월급을 지급할 수 없는 것보다 사업에 더 큰 타격을 주는 일은 없다."라고 말한다.

'의사소통'은 사업 내에서 발생하는 모든 종류의 의사소통을 의미한다. 크게 보면 외적 의사소통과 내적 의사소통으로 나눠볼 수 있다. 외적 의사소통은 매출을 발생시켜주는 고객이나 투자금을 주는 투자가나 운영자금을 융통해주는 은행 등 사업체 외부에 있는 주체들과의 소통을 말한다. 내적 의사소통은 사업체 내부의 주체들 간(보통은 회사 내부의 각 팀)에 벌어지는 소통을 의미한다고 보면 된다.

'시스템'은 다음과 같이 설명하고 있다. "인간의 몸은 시스템들로 이루어진 시스템이다. 인체는 순환계와 호흡계, 소화계 등으로 구성되어 있다. 그중 하나라도 문제가 생기면 인체는 고장이 나거나 죽을 가능성이 크다. 사업체도 마찬가지이다. 사업이 성장하려면 특정 개인이 각각의 시스템을 책임지고, 총책임자가 모든 시스템이 최고의 역량을 발휘하도록 감시하고 운영해야 한다." 좁은 의미로 보면 시스템은 특정 업무를 수행하기 위한 정보시스템이라고 할 수 있고, 넓게 보면 사람들이 업무수행을 하는 방식 그 자체(수작업하는 것을 포함한)를 의미한다고 볼 수 있다.

'법'은 법적인 관리를 의미하는데 제품에 대한 권리나 상표를 보호하는 것부터, 거래 과정의 계약, 지적 재산의 보호, 노동법 준수 등 사업체의 활동에서 법과 관련한 모든 부분을 의미한다. 때로 법적인 조치를 취하지 않아 사업체 자체가 사라지는 경우도 발생할 정도로 중요한 요소가 되기도 한다. 로버트는 우리가 보통 떠올리게 되는 '법규'를 이용해 회사의 자산을 지키는 것을 말하고 있다. 손정의 사장이 말한 '법'과는 의미가 조금 다르다.

'제품'에 대한 설명 또한 살펴보자. "기업의 제품, 즉 고객이 궁극적으로 사업체로부터 구입하는 것은 B-I 삼각형의 가장 중요한 요소이다. 그것은 햄버거처럼 형태가 있는 제품일 수도 있고 상담 서비스처럼 무형의 제품일 수도 있다." 제품은 우리가 소비자의 입장에서 구매하는 상품 또는 서비스를 의미한다. B-I 삼각형에서 조금 의아해 보이는 부분은 제품의 비중이 다른 요소들보다 작다는 것이다. 작게 표시한 데에는 이유가 있다. 보통의 사람들은 뛰어난 제품에 대한 아이디어만 있으면 성공해서 부자가 될 것으로 생각하지만, 경영자나 투자가들은 제품을 만들어 내기 위한 다른 네 가지 요소들이 사업 자체의 성공에 더 중요한 영향을 끼친다고 여긴다.

B-I 삼각형에 실천법을 대입하여 관계를 지어 보는 것도 흥미롭다. 업무 프로세스화를 사업체로 가정하여 성공시키려면 어떤 요소나 활동이 필요할지 B-I 삼각형에 대입시켜 보면 어떨까?

- **임무** - 업무 프로세스화를 통해 조직 내 프로세스들을 체계화하여 조직 구성원의 효율적 업무 수행을 지원한다.

- **팀** - 업무 프로세스화를 전담할 팀을 지정한다. 이 팀은 프로세스화에 관련되는 사람들을 돕는 것에 초점을 맞춘다.

- **리더십** - 업무 프로세스화 전담팀에 독립성과 지속성을 보장해 주어 성과를 낳을 수 있는 환경을 조성한다. 조직 전체에는 프로세스화가 뿌리내릴 수 있도록 업무 표준으로 지정하고 교육을 장려한다.

- **현금흐름** - 업무 프로세스화가 완료된 업무의 수와 업무 프로세스화하지 않은 업무 수의 차이(프로세스화가 완료된 업무가 늘어날수록 숫자가 커

지게 됨)

- **의사소통** - BPMN과 같은 문서와 프로세스 시스템을 매개하여 벌어지는 조직 구성원들 간의 모든 의사소통
- **시스템** - 좁게는 업무 프로세스가 실제로 동작하는 프로세스 시스템, 넓게는 프로세스 시스템과 관련한 모든 유무형의 업무 방식
- **법** - 업무 프로세스화를 통한 방식을 유일무이한 표준 업무 수행방식임을 규정으로 정함. 다른 방식을 허용하지 않고 엄격하게 적용
- **제품** - 업무 프로세스화로 인해 얻게 되는 이득, 빠른 업무처리시간, 효율적 의사소통, 그로 인한 조직 구성원의 만족감, 변화에 민첩하게 대응할 수 있는 태세

자, 이제 첫 번째 장을 정리할 시간이 되었다. 업무 프로세스가 무엇인지 살펴보고 현실에서는 어떤지 그리고 어떤 방법으로 업무 프로세스화를 이룰 수 있는지를 다루었다. 그리고 꾸준히 지속하기 위한 관리 방법과 프로세스화를 통해 얻을 수 있는 가치를 노나카 이쿠지로, 손정의, 로버트 키요사키의 생각과 비교하여 살펴보기도 하였다.

그런데 무언가 빠진 느낌이 든다. '이런 활동을 하려는 목적이 무엇일까? 어떤 마음가짐으로 해야 잘할 수 있을까?'라는 의문이 들지 않았는가? 나의 경우에는 '조직 구성원 모두가 행복하게 일할 수 있는 환경을 만드는 것'을 그 목적이자 동기이자 마음가짐으로 삼았다. 그리고 그들이 자신들의 핵심 업무에 역량을 집중할 수 있도록 자질구레한 업무는 모두 다 내가 도맡아서 하려고 했고 그들은 최소한의 노력만 하면 되도록 했다.

준비를 철저히 하고 마음을 단단히 먹더라도 막상 프로세스화한 방식으로 일하라고 하면 사람들의 저항이 만만치 않아 그들을 보듬으며 이끌어 나가기가 쉽지 않음을 실감할 것이다. 아마 당신도 나와 비슷한 마음가짐이어야 그나마 충돌을 덜 겪으면서 새로운 방식을 적용하는 데 성공할 것이고 그로 인한 결실을 모두와 함께 나눌 수 있으리라 생각한다. 그 결실은 '엑셀 지옥' 탈출의 행태로 나타날 수도 있고, 너무나 자주 바뀌는 업무 환경이지만 민첩하게 대응 가능한 태세를 갖추게 되었다는 자신감을 느낌으로써 경험할 수도 있으며, 축적된 데이터를 분석했더니 새로운 통찰을 얻어 개선에 성공하는 등 다양한 형태로 나타난다. 게다가 이 결실들은 하나만 얻을 수 있는 것이 아니라 전부 얻을 수도 있다.

다만 이 모든 좋은 결과는 실천하며 몸소 뛰어들어야만 경험할 수 있고, 깨달을 수 있으며, 누릴 수 있다. 실천하지 않으면 아무 소용이 없다. 1부를 정리하면서 손정의 사장의 말로 실천의 중요성을 다시 한 번 강조하고 싶다.

"(손의 제곱병법) 문자의 의미를 이해하는 것은 물론 실제로 그 의미를 행동으로 바꿔나가야 합니다. 어떤 시스템을 만들어야 회사가 더 강해질 수 있을지를 한 사람 한 사람이 계속 고민하며 만들어나가는 풍토를 키워야 합니다. 어떤 회사, 어떤 그룹보다도 지속적으로 성장할 수 있는 시스템, 성공률을 높이는 시스템, 이런 것들을 만들어나가야 합니다." － 『손정의의 선택』, p.145~146

PART 2

눈 떴으면
방법을 배워라

프로세스가 왜 중요한지 이해했다면 이제 실제로 어떻게 프로세스를 시각화하여 드러내고 실제로 손에 잡히도록 시스템으로 구축하는지를 알아봐야 할 차례다. 사람들에게 습관처럼 스며들도록 하는 체화 과정도 빠지지 않게 신경 써야한다.

 여기서는 당신이 프로세스를 혁신 또는 개선해야 하는 주체라고 가정한다. 누가 만들어준 프로세스를 그저 따르는 사람이 아니라, 스스로 프로세스를 확립시키기 위해 여러 활동을 하는 주체라는 뜻이다.

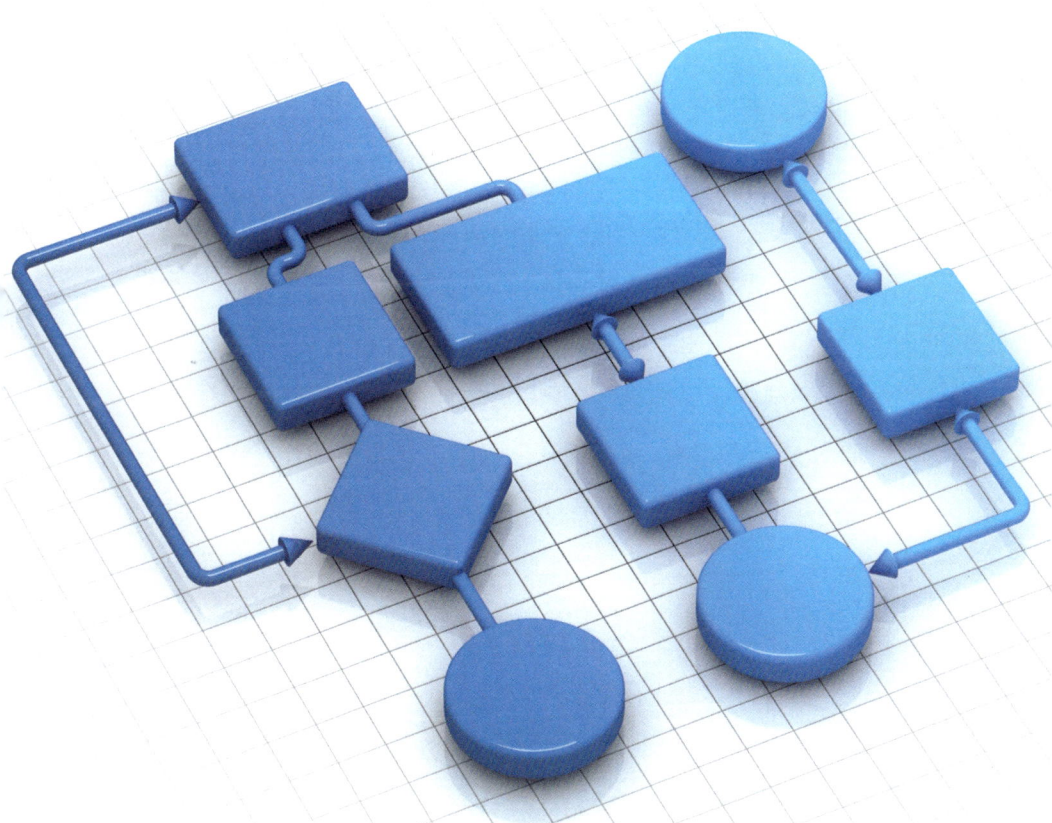

5. 1단계 시각화 – 눈에 보이게 하라

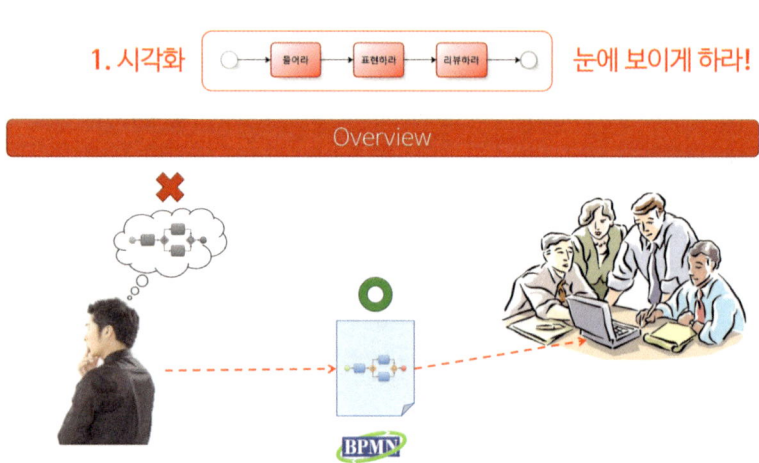

1. 시각화   눈에 보이게 하라!

Overview

　시각화는 사람들의 머릿속에만 존재하거나, 단편적으로 흩어져 있는 지식과 정보를 모아 하나의 목적을 가진 프로세스로서 그려내는 과정이다. 가장 먼저 상황을 파악하기 위해 이해 관계자들의 이야기를 많이 들어야 한다. 그 다음에는 BPMN이라는 국제 표준 프로세스 표기법으로 프로세스를 누구나 알아보기 쉽도록 표현한다. 표현까지 끝낸 프로세스는 실제 관련자들과 같이 리뷰하여, 현실적이면서 제대로 들어 맞는 프로세스로 만드는 과정까지 거치면 시각화 단계가 끝난다.

5.1 들어라

1. 시각화 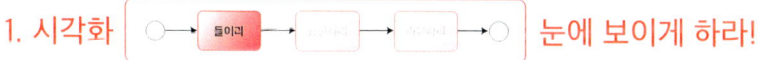 눈에 보이게 하라!

프로세스를 만들어내기 위해 가장 먼저 해야 할 행동은 바로 듣기이다. 우리는 업무 수행을 하면서 지식, 노하우, 불평불만, 작업절차, 규칙(룰) 등의 요소들을 모두 배워 알거나 오랜 시간 축적된 경험을 활용하여 일한다. 누구나 한 번쯤은 이런 사람을 본 적이 있지 않을까? 특정 업무의 모든 지식, 순서가 머릿속에 완벽하게 있어서 한 치의 오차나 실수도 없이 수행해 내는 것은 물론, 다른 사람이 그 업무에 대한 내용을 물어보더라도 전후 관계와 어떤 문서가 필요한지 누구의 도움을 받아야 하는지 정확하게 설명해 주는 그런 사람 말이다. 아마도 그 사람의 머릿속에는 그 업무에 대한 완벽한 그림이 그려져 있을 것이다. 당신이 해야 할 일은 이제부터 만들어 내야 할 프로세스 상에서 누구에게 그런 지식을 얻을 수 있을지 파악해 내고 실제로 그 사람들에게 직접 다가가서 그들의 말을 듣는 일이다.

프로세스의 크고 작음에 따라 이야기를 들어야 할 사람의 수도 경우에 따라 다를 수 있다. 작은 프로세스인 경우에는 들어야 할 사람 수도 1~2명 정도로 적어서 곧바로 들으면 될 테지만, 아주 큰 프로세스의 경우에는 이야기를 들어야 할 사람이 5~10명이 넘을 수도 있다. 이 경우에는 간략하게나마 프로세스에 대한 스케치를 먼저 하고 각 전문가의 이야기를 듣는 편이 더 효율적이다. 이야기를 듣고자 하는 부분이 어디에 해당하는지 파악하면서 전후 관계에 대해 인식해야 각자의 입장에서만 이야기하는 그들의 이야기를 하나의 흐름으로 조합해 낼 수 있기 때문이다.

참고로 스케치는 이미 BPMN을 알고 있는 경우라면 BPMN을 활용하면 되겠지만, 아직 BPMN에 대해 접해 보지 않은 경우라면 순서도를 활용해도 되고 자신에게 맞고 가장 익숙한 방법으로 그리기만 하면 된다. 스케치가 없으면 머리로만 모든 내용을 정리해야 하는데 그렇게 되면 과부하가 와서 사람들의 이야기를 듣기도 전에 자포자기하는 상황으로 가게 될지도 모른다. 규모의 크고 작음이 있을 뿐이지 어떤 프로세스도 쉽게 그려낼 정도로 간단치 않다.

듣는 과정은 한 번으로 끝나지 않는다. 한 번 만에 만나는 전문가의 모든 지식이 당신에게로 전달되어 이해하는 수준까지 가지 않기 때문이다. 처음에는 브레인스토밍으로 별다른 형식 없이 이야기를 들어보고, 그 내용을 정리하라. 그 이후에는 프로세스로 표현한 문서를 가지고 몇 번이고 만나서 불확실한 부분을 확인하며 보완해가는 과정을 거치면 프로세스를 빈틈없이 표현할 수 있다.

여기서 해당 업무전문가에게 BPMN 같은 표현법을 알려주고 전문가 본인이 직접 작성하도록 하면 되지 않겠느냐는 생각을 할 수도 있겠지만 이런 생각은 착각이다. 그 전문가는 프로세스를 시각화하고 시스템화하는 능력이 없으므로 그 방법을 아는 당신이 그를 대신해서 프로세스를 만들어 낸다는 마음가짐으로 다가가야 한다. 업무전문가가 해당 업무에 전문가인 것처럼 당신은 BPMN으로 프로세스를 표현하는 전문가이어야 한다. 당신이 당연히 해야 할 부분을 업무 전문가에 전가하는 우를 범하지 말길 바란다. 비유하자면 피아노 치는 행위 자체는 너무나 간단하지만, 누구나 아름다운 음악을 칠 수는 없는 것과 같다. 수많은 연습과 경험을 통해 숙련된 연주자만이 아름다운 선율을 들려줄 수 있다. 당신이 바로 그 숙련된 사람이 되어야 한다. 당신이 프로세스를 멋지게 시각화해서 보는 사람들로 하여금 한눈에 내용이 파악하도록 하면서도 아름답다는 느낌을 주도록 해야 하는 사람이다.

일본의 유명한 경영자인 마쓰시타 고노스케는 『길을 열다』라는 책에서 타인에게 물어보는 것에 대해 다음과 같이 말했다. "모른다면 다른 이에게 질문해야 한다. 자신의 틀에 갇혀 있어서는 안 된다. 솔직하고 겸손하게 가르침을 구하고 귀를 기울여야 한다. 배우려는 마음이 간절하다면 해답을 의외로 쉽게 얻을 수 있다."

5.2 표현하라

1. 시각화 [들어가 → **표현하라** → 리부하라] **눈에 보이게 하라!**

　프로세스가 중요하고 조직 활동의 핵심요소라는 인식은 최근에 생겨난 것이 아니다. 특히 대기업은 많은 사람이 모여 협업하는 상황에서 일정수준 이상의 결과를 보장하는 업무수행을 위해 프로세스를 표준화하고 교육하는 일에 힘써왔다. 프로세스를 표현한 그림을 보통은 프로세스 맵이라는 용어로 부르고 있는데 프로세스 맵을 실제로 보면 표준이 없이 회사별로 다 다르고, 심지어 사람마다 각각 다른 형식으로 프로세스를 표현한 사례가 너무나 많다. 내가 처음 프로세스에 관심을 가졌을 당시에도 작성사례를 참고하려고 많은 자료를 찾았는데 공통점이라고는 눈을 씻고 찾아도 찾을 수가 없어서 너무 당황스러웠던 기억이 있다. 그렇게 좌절하던 중 다행스럽게도 비즈니스 분석가Business Analyst 교육을 통해 프로세스 표기법 국제표준인 BPMN을 알게 되었다. 그때 프로세스 표현과 관련하여 뿌옇기만 했었는데 일거에 안개가 걷히듯 맑아지는 느낌이었다. 그 이후로는 프로세스라면 BPMN을 사용하여 표현하는 것을 당연하게 여기게 되었고 내가 다니던 회사에도 전파해서 지금은 논리를 표현하거나 일의 순서를 표현하고 사람들끼리 공유하는 용도로 매우 유용하게 활용하고 있다.

　프로세스를 그림으로 표현하는 과정은 프로세스와 관련한 일련의 활동 중에 가장 중요하다. 표현하지 않고는 아무것도 시작되지 않는다. 더하고 뺄 것 없는 최적화된 프로세스가 되지 않고는 끝나지도 않는다. 표현해냈다고 거기서 끝이 아니라 계속해서 프로세스를 축적해 나가면서 조직에서 벌어지는 모든 업무를 표현해 나가야 한다. 이때 표준화된 표기법을 통해 쌓아나가지 않는다면 지식의 축적 그 자체가 불가능하다. 프로세스의 수 자체도 많은 상황에서 사람마다 각기 다른 표현법을 쓴다면 정작 중요한 프로세스가 말하는 흐름에 집중하기 어렵고 표기법을 이해하는 데 매우 귀한 자원인 시간과 집중력을 낭비하게 된다.

BPMN은 국제 표준으로서 비즈니스 프로세스에 관련된 모든 사람이 복잡한 구문을 모르더라도 서로 의사소통이 가능하도록 하는 것을 목적으로 고안되었다(2004년에 버전 1.0이 발표됨).

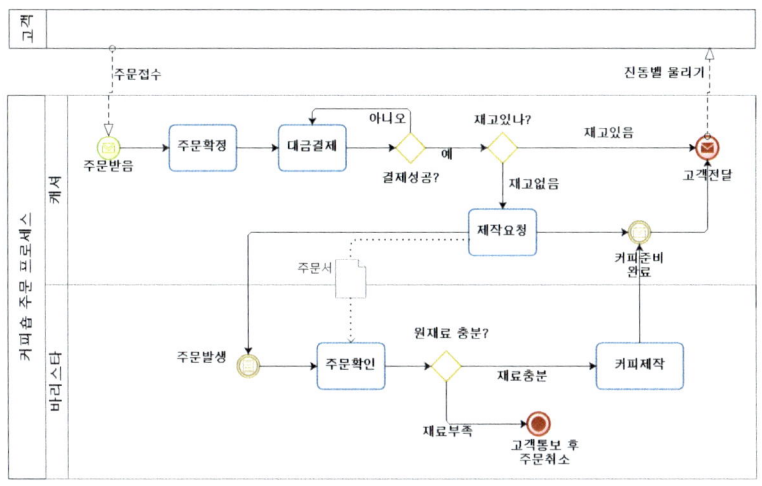

[그림 10] BPMN 예제(커피숍 주문 프로세스)

BPMN이 어떤 것인지 기본적인 작성 사례를 통해 알아보도록 하자. 언뜻 보면 순서도와 큰 차이가 없어 보인다. 당신이 UML을 알고 있다면 액티비티 다이어그램과도 유사해 보인다는 느낌을 받을 수도 있다. 그런 느낌을 받는 것이 당연하다. 순서도, 액티비티 다이어그램을 더 발전시켜 만든 것이 바로 BPMN이기 때문이다. BPMN을 본 소감이 어떤가? 표기법 규칙을 모르는 상태에서도 어떻게 흘러가는지 대략적으로 이해가 되지 않는가? 조금 이해가 어려울 만한 부분이 중간에 있는 동그라미이벤트일 것일 텐데 BPMN의 기본 내용과 자세한 표기법 설명은 3부에서 다룰 예정이니 여기서는 흐름을 따라간다는 느낌으로 넘어가도록 하자.

프로세스를 BPMN으로 표기하기 위해서 BPMN에서 사용하는 도형들의 이름은 알고 있어야 설명이 가능하니 다음 그림을 보도록 하자.

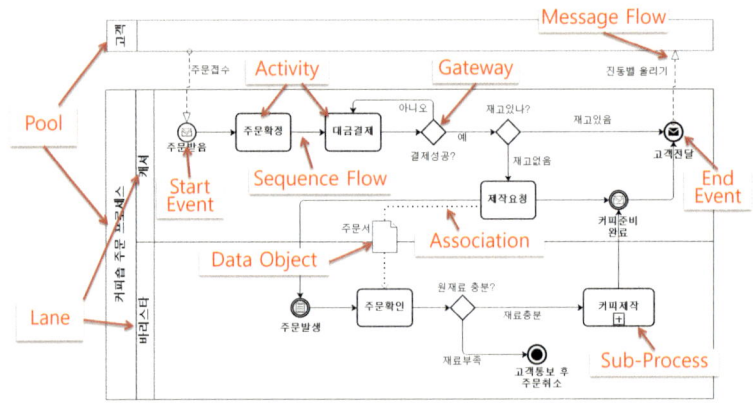

[그림 11] 핵심 BPMN 도형 요소

동그라미로 표현하는 이벤트event부터 시작하도록 하겠다. 프로세스는 이벤트로 시작해서 이벤트로 끝난다. 동적으로 수행하는 행위가 아닌 그저 발생하는 사건이라고 보면 이해가 쉽다. 예를 들자면 '메시지가 도착했다'거나 '타이머로 설정된 시간이 경과했다', '프로세스가 끝났다'라는 사건을 의미한다.

모서리가 둥근 사각형으로 표현하는 기호는 액티비티activity이다. 동적으로 무엇인가 행동이나 행위를 표현하고 싶을 때 사용한다. 반드시 동사형으로 써야 한다. BPMN으로 프로세스를 표현하다 보면 이게 이벤트인지 액티비티인지 애매할 경우를 많이 접하게 되는데 이때는 행위인가를 생각해보면 구별하기가 쉽다. 누군가가 목적을 가지고 하는 행위가 액티비티이다. 이에 반해 이벤트는 그저 발생하는 사건이나 상황에 불과하다.

마름모로 표현하는 기호는 게이트웨이gateway라고 부른다. 흐름을 나누고자 할 때 사용한다. 프로세스에는 조건에 따라 다른 흐름을 타는 분기가 거의 필수적으로 등장하게 된다. 그리고 어떤 경우에는 동시에 병렬적으로 흐름이 발생하기도 하고 어떤 한 가지 조건 만족하면 흘러가도 문제가 없는 흐름도 있다. 게이트웨이는 흐름을 나눠야 할 때 사용하면 된다고 생각하도록 하자.

이벤트와 액티비티와 게이트웨이를 연결하는 실선 화살표는 시퀀스 플로우sequence flow라고 한다. 순차적인 흐름이라는 뜻이다. 연결한 순서대로 흐름이 흘러감을 표현할 때 사용하면 된다. 부연 설명이 필요치 않을 정도로 쉬운 기호이다. 점선으로 표현하는 화살표message flow도 있으니 헷갈리면 안 된다.

수영장처럼 큰 사각형에 레인과 같이 보이는 도형은 풀pool과 스윔레인swimlane이다. 정말로 수영장처럼 생겼다고 용어도 수영장을 뜻하는 Pool을 사용한다. 풀에는 프로세스 이름을 적어주고 프로세스의 영역을 구분해주는 용도로 사용한다. 이벤트, 액티비티, 게이트웨이 등의 도형은 풀 밖에 그려서는 안 된다. 스윔레인은 누가 해당 작업을 수행하는지 행위자나 역할을 표현한다.

프로세스 간에 주고받는 메시지는 점선 화살표인 메시지 플로우 message flow로 표현한다. 프로세스 간에는 메시지 플로우만 가능하다. 나도 처음에 그랬지만 BPMN을 처음 접한 사람은 실선 화살표인 시퀀스 플로우를 가지고 다른 프로세스의 액티비티로 연결하려 하기 쉬운데 이는 규칙에 어긋나며 보통은 BPMN 그리기 도구 자체에서 허용해 주지 않는다. 기억해야 할 점은 프로세스 간에는 메시지만을 주고받아야 한다는 사실이다. 생각해보면 실제 상황에서도 그러함을 알게 된다. 서로 다른 시스템에서 동작하는 별개의 프로세스는 다른 프로세스의 제어 흐름을 통제하는 것이 불가능하다. 그저 요청메시지를 보내고 상대방의 프로세스에서 회신 메시지를 보내주기를 기다릴 뿐이다.

여기까지가 프로세스를 표현할 때에 핵심적으로 사용하는 도형들이었고 그 외에 부가적으로 사용하는 도형인 데이터 오브젝트data object에 대해 보도록 하겠다.

모서리가 접힌 문서처럼 생긴 도형을 사용한다. 특정 액티비티에서 어떤 산출물을 만들어 내고 다음에 어떤 액티비티로 넘겨주는지 표현하는 데 사용한다.

원기둥처럼 생긴 것은 데이터 스토어data store이다. 데이터를 저장하는 장소를 표현하고 싶을 때 사용하면 된다. 보통 데이터베이스를 원기둥으로 표현하는데 그 표현법 그대로 가져왔다고 보면 된다.

데이터 오브젝트와 데이터 스토어는 어소시에이션association이라는 점선 화살표를 사용해서 생성한 액티비티와 해당 데이터를 참조하는 액티비티를 표현한다. 메시지 플로우와 다른 점은 점선의 간격이 좁고 화살표의 머리가 뾰족하다는 것이다. BPMN 그리기 도구에서 알아서 그려주니 사람이 일일이 규칙에 맞는지 확인할 필요는 없다.

마지막으로 BPMN은 Top-down으로 상세화하는 방식이라는 점을 꼭 기억해야 한다. 액티비티처럼 생긴 모서리가 둥근 사각형 안에 작은 십자 모양으로 표현하는 서브 프로세스sub process를 통해 하위의 프로세스를 표현할 수 있다. 상위 프로세스에서 하위 프로세스로 파고들어 갈 수 있는데 이런 구조로 인해 프로세스의 계층이 생기게 되고 같은 계층에서는 비슷한 액티비티를 나열해야 하는 어려움이 생기게 된다. BPMN을 처음 접한 상황에서는 이 부분이 가장 어려울 것이다. 액티비티나 서브 프로세스들의 덩어리 감을 균일하게 유지하려고 하는 성질을 프로세스의 granularity[10]라고 하고 서브 프로세스로 파고 들어가며 전개하는 방식을 decomposition이라고 한다. 이 단어들은 원문 그대로 사용하는 편이 이해하는 데 나을 것이라 생각하여 일부러 번역하지 않고 원래 용어를 그대로 사용하도록 하겠다. Top-down, granularity, decomposition이 프로세스를 BPMN을 통해 시각화함에 있어 가장 중요한 개념이다. 아래에 그 구조를 보여주는 그림을 보여주니 참고하도록 하자. 상위 프로세스는 고객도 이해하는 수준에서 출발해서 decomposition상세화 해가면서 실제 실행되는 소

---

10 granularity는 어떤 객체나 활동의 특성을 나타내는 상대적 크기, 비율, 자세한 정도 및 표현의 깊이 등을 나타내는 말이다. 이 용어는 천문학, 사진술, 물리학, 언어학 그리고 정보기술에서도 꽤 자주 사용된다. 이것은 사진의 선명도 또는 사람의 일생을 묘사하기 위해 제공된 정보의 양 등과 같이 객체들이나 행위들에 대한 등급체계를 가리킬 수 있다. 그러나, 이 용어가 사용되는 상황에 정통하지 않은 사람들에게는, 그 의미가 항상 분명하게 다가오는 것은 아니다. 출처 http://www.terms.co.kr/granularity.htm

스코드 수준까지 내려간다.

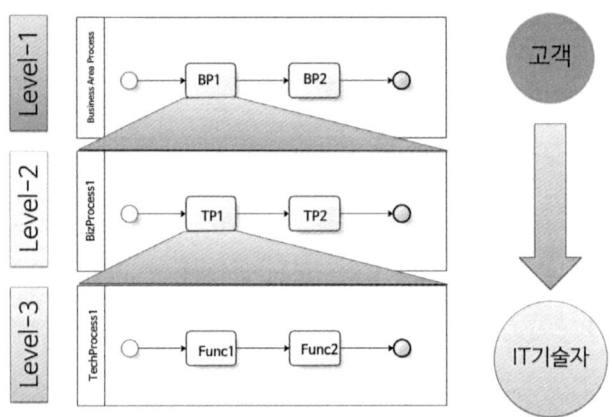

[그림 12] BPMN의 프로세스 Decomposition

나도 처음에 많이 겪었던 어려움이었고 지금도 쉽지 않지만 바로
이 granularity를 유지하는 문제를 어떻게 극복하느냐가 BPMN을 사
용함에 있어 가장 큰 관건이 된다. 직접 경험해 본 바로는 왕도나 이
거다라고 하는 해결책은 없었다. 끊임없이 사람들과 이야기하면서 서
로의 이해 수준을 높여 맞춰나가는 수밖에는 다른 방도가 없었다. 수
많은 작성 경험을 쌓아야만 프로세스를 군더더기 없이 표현할 수 있
는 수준에 들어서게 될 것이다. 잘 표현된 프로세스를 보면 불필요한
내용이 없이 핵심만 표현하면서도 깔끔하고 아름다운 모습을 발견할
수 있다.

이제 BPMN의 기본 표기법에 대해 알았으니 실제로 프로세스를 어
떤 순서로 그려나가는지 알아보자.

- **1단계: 프로세스 식별, 시작이벤트와 종료이벤트 생성**

 프로세스의 범위를 인식한 후 프로세스의 이름을 정하여 풀에 명기한다. 그런 다음 프로세스의 시작 이벤트와 종료 이벤트를 정의한다.

- **2단계: 외부 프로세스 식별(시작, 끝 조건 포함), role 식별**

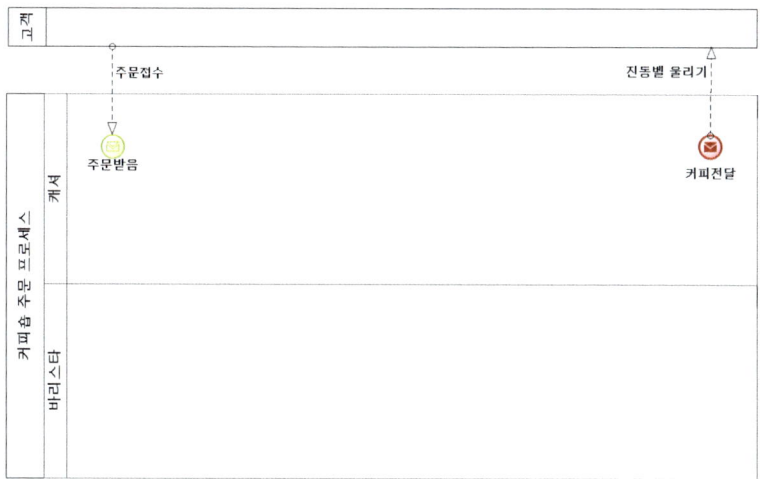

 그리고자 하는 프로세스와 연동하여 동작하는 다른 프로세스들은 외부에 블랙박스로 그려준다. 고객만은 지금 그리는 프로세스의 위치를 기준으로 위쪽에 그려주고 연동하여 동작하는 프로세스는 아

래쪽에 그려주는 것이 일반적인 표현방법이다. 그런 다음 프로세스에 참가하는 역할을 식별해서 스윔레인을 정의해준다. 시작이벤트, 종료 이벤트와 관련되는 메시지 플로우도 그려주는 것을 잊으면 안 된다.

• 3단계: Happy Path 작성(다른 role에 hand-off)

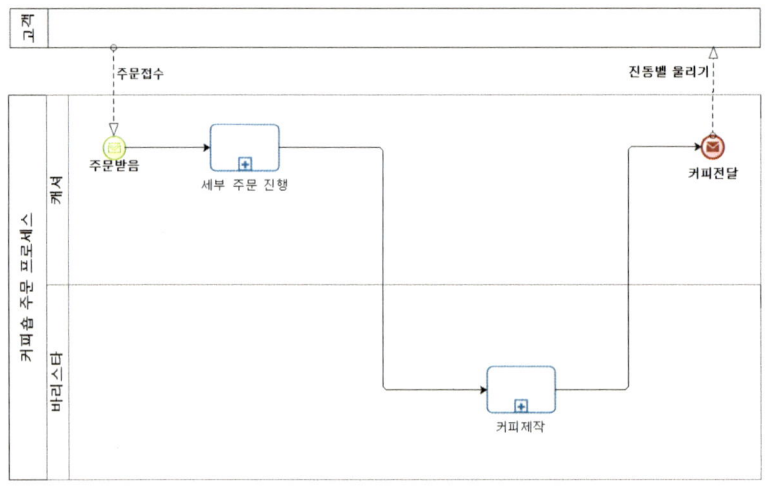

이제 실제 프로세스의 핵심 내용이 되는 액티비티를 식별해서 그려 주도록 한다. 처음부터 상세화하려 하지 말고 각 레인에서 대표적인 활동을 하나로 표현해본다. 막상 작성하다 보면 처음부터 상세화해서 액티비티들을 많이 나열해 버리게 되는데 생각을 가다듬어 그것들을 포괄할 수 있는 가장 큰 개념을 생각해 내야 한다. 나중에 여기서부터 상세화해 나가게 되니, 프로세스가 너무 간단하게 표현되지 않았나 생 각하며 불안해할 필요는 없다. 앞서 설명하였듯이 프로세스는 top-down으로 decomposition해서 표현한다는 점을 상기하기 바란다.

시퀀스 플로우로 액티비티가 끊어지지 않도록 연결해 준다. 이 과정에서 자연스럽게 다른 레인으로 흐름이 넘어가는 hand-off를 표현하게 된다.

• 4단계: 각 role별 마일스톤 식별

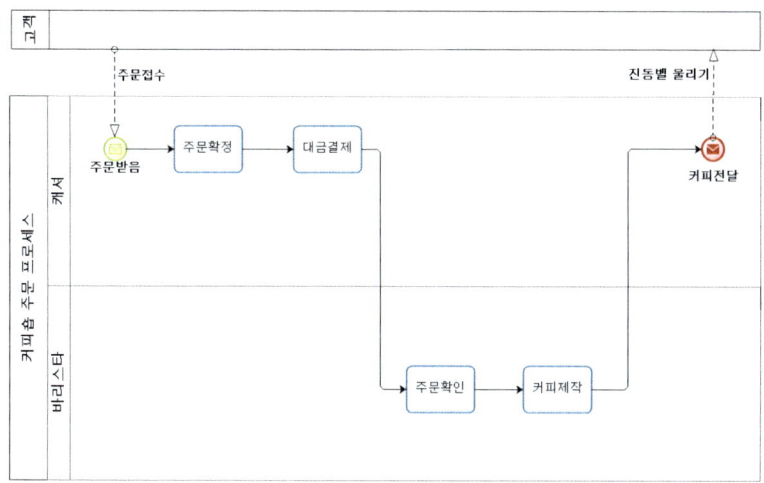

레인별로 하나만 도출했던 액티비티를 조금 더 상세화해본다. 즉, 하나였던 액티비티를 좀 더 작은 여러 개로 나눈다. 서브 프로세스 안에 정의하는 것도 맞겠지만 파고 들어가서 보아야 한다는 불편함이 있으니 액티비티를 둘 이상으로 나누는 것도 좋다. 상황에 맞게 판단해서 어떻게 할지 결정하면 된다. 마일스톤으로 볼 수 있을 만큼 크게 구별되는 액티비티로 나눈다고 생각하자. 이렇게 나눈 각각의 액티비티는 결과를 측정할 수 있는 단위가 되면 더 좋다.

• 5단계: 분기식별, 병렬화

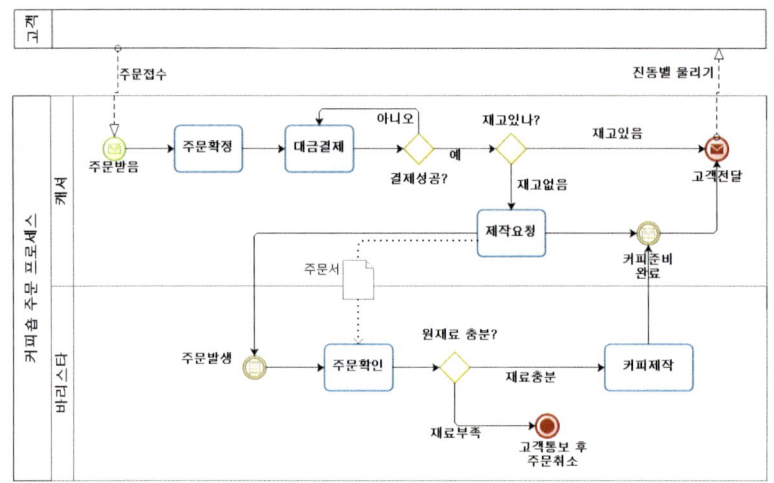

액티비티들이 도출되었으니 그 사이에 분기가 있는지 식별해서 게이트웨이를 넣어 준다. 내가 경험한 바로는 분기가 들어가지 않는 프로세스는 거의 없었다. 분기가 없이 진행되는 프로세스라고 생각해도 생각을 하다 보면 분명히 분기가 있는 지점을 발견하게 되는 경우가 많았다. 동시에 병렬적으로 해야 하는 액티비티가 있을 수도 있으니 그런 경우에는 병렬 게이트웨이를 사용하여 그려주면 된다.

최종적으로 프로세스 표현을 완료하려면 5단계까지 거친 후 데이터 오브젝트(산출물)까지 더 표현해 주고 예외적인 상황에 어떻게 처리하는지 표현을 추가하거나 서브 프로세스가 포함되었던 경우에는 그 서브 프로세스로 파고 들어가서 더 정의할 수도 있을 것이다.

막상 프로세스를 표현하다 보면 '정말 한도 끝도 없겠다'라는 생각이 들기도 한다. 그런 생각이 드는 것이 당연하다. 그래서 어느 수준까지만 하고 멈출지 판단할 줄 아는 능력이 필요하다. '이 정도 수준에서 멈추어야겠다'라는 판단을 할 수 있어야 한다. 처음에는 많은 시행착오를 겪게 되겠지만 그렇게 쌓인 경험들이 모여 정확한 판단을 하게 해주는 능력을 갖추도록 해주니 많은 노력이 필요하다. 계속 반복하여 피아노에 비유하자면 당신은 이제 음표를 볼 줄 아는 수준에 온 것이다. 앞으로 제대로 연주하기 위해서는 많은 연습의 시간을 쌓아야 하는 그 시점이라고 볼 수 있겠다.

프로세스를 표현하면서 조심해야 할 점은 '내 머릿속에 프로세스가 완벽하게 정리되어 있으니 그냥 시작이벤트부터 한 번에 그릴 수 있다'라는 착각이 아닐까 한다. 솔직히 말하면 나도 그럴 때가 가끔 있다. 하지만 그럴 때마다 어김없이 원칙이 중요함을 깨닫게 된다. 나의 경우 한 번에 일필휘지로 그릴 수 있다는 생각의 결말은 언제나 자만이었다는 결론으로 귀결되었다. 부디 당신은 그런 경험을 덜 하게 되기를 진심으로 바란다.

BPMN으로 프로세스를 표현할 때 따라야 할 규칙은 다음과 같다.

1. 프로세스는 반드시 (시작)이벤트로 시작하여 (종료)이벤트로 끝나야 한다.

프로세스는 반드시 시작과 종료가 정의되어야 한다. 시작과 종료가 정의 되어 있지 않으면 프로세스라 부를 수 없다. 실제 BPMN을 작성해 보면 풀을 그린 다음에 바로 시작이벤트를 넣고 액티비티를 그리기 시작하게 된다. 그리다 보면 너무 복잡해지기도 하고 잊어버리기도 해서 종료이벤트를 넣지 않는 경우도 생긴다. 영원히 도저히 끝나지 않을 것만 같던 프로젝트로 인해 많은 고통을 겪어본 기억이 있지 않은가? 제발 BPMN으로 프로세스를 그릴 때만큼은 제대로 종료시켜 주도록 하자.

2. 액티비티는 반드시 연결되어야 한다.

이 부분도 처음 BPMN을 접하는 사람들이 흔히 범하는 오류이다. 고아처럼 액티비티가 프로세스상에서 덩그러니 연결되지 않은 상태로 남아 있는 경우를 말하는데 이것도 반드시 피해야 한다. 외부와 연결되지 못한 사람들은 매우 큰 고립감으로 인해 고통을 받는다. 프로세스에서도 마찬가지이다. 액티비티도 사람처럼 반드시 다른 액티비티와 연결되어야 한다.

아무리 생각해도 도저히 이을 수가 없는 경우도 있다. 이때는 중간 이벤트를 끼워 넣고 생각해 보면 그 부분에서 필요한 이벤트가 떠오르기 쉬우니 참고하도록 하자.

3. 프로세스를 넘나드는 것은 메시지 플로우뿐이다.

풀(프로세스)의 수가 2개 이상이 되는 프로세스의 경우 서로 간에 메시지를 통해 정보교환을 해야 하는데 이 경우에 사용할 수 있는 기호는 메시지 플로우(점선 화살표)이다. 시퀀스 플로우(실선 화살표)는 하나의 프로세스 안에서 액티비티나 게이트웨이, 이벤트를 연결할 때만 사용해야 한다. 프로세스의 경계를 넘어 다른 프로세스의 액티비티에 시퀀스 플로우를 연결할 수 없다.

4. 툴에서 에러를 내거나 불가능한 조작은 BPMN 규칙에 맞지 않지 않음을 의미한다.

앞서 언급한 규칙들 외에도 수많은 규칙이 존재한다. 그 규칙들을 다 언급하기도 어렵고 다 설명한들 따분하기만 하다. BizAgi Modeler 와 같은 그리기 도구에는 BPMN으로서 지켜야 할 규칙이 탑재되어 있어서 우리가 그림을 그릴 때 항상 규칙을 준수하고 있는지 확인해 준다. 만약 규칙에 어긋나는 형식으로 그렸다면 파일을 저장할 때 경고 메시지를 통해 문제가 있음을 알려준다. BPMN에 익숙해지면 자연스럽게 규칙도 익숙해져 경고 메시지를 일부러 무시할 수도 있겠으나, 처음 BPMN을 익히는 단계라면 경고 메시지를 무시하지 말고 무슨 문제가 있는지 살펴 제대로 프로세스를 정의하는 훈련을 해야 한다.

'표현하라' 단계는 너무 중요하고도 방대한 내용을 담고 있어 설명이 충분하지 않은 부분도 있고 더 알아야 할 내용도 아직 많이 남아 있다. 3부에서 BPMN에 대한 상세 표기법과 BPMN을 그리는 도구를 선택하는 기준과 추천 도구에 대해서도 알아보도록 하겠으니 여기서는 이 정도로 정리하고 다음 단계로 넘어가자.

5.3 리뷰하라

1. 시각화 [둘어라] → [발전하라] → **리뷰하라** **눈에 보이게 하라!**

　프로세스를 표현한 결과물을 보면 겉보기에 문제가 없어 보여도 실제 내용이 틀리기도 한다. 그림이 그럴듯하다고 해서 실제 의미가 정확하다는 보장은 어디에도 없다. 관련된 사람들이 프로세스가 제대로 표현된 것이 맞는지 리뷰를 실시해서 정확한지 반드시 확인해야한다. 주고 받는 메시지가 명확한지, 분기조건에 명시한 내용이 맞는지, 빠진 액티비티는 없는지 등 관련자들에게 작성한 프로세스를 보여주고 리뷰를 통해 확인해서 정확한 내용을 반영하도록 가다듬는과정을 반드시 거쳐야 한다.

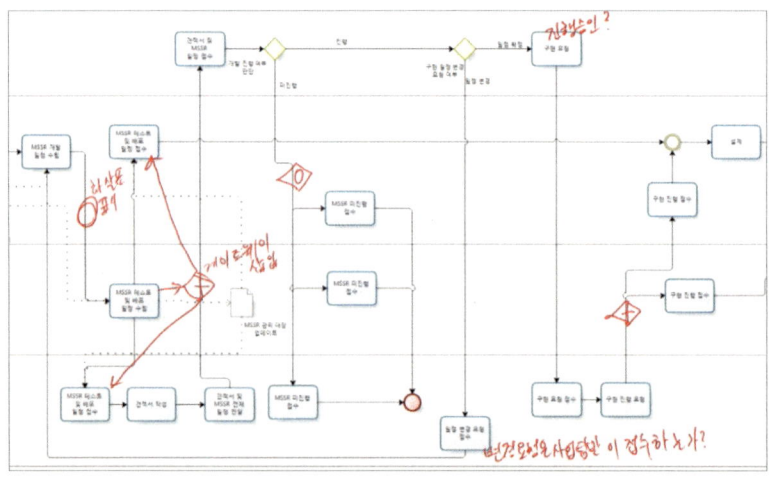

[그림 13] 빨간 펜으로 리뷰한 프로세스

　동료 검토를 통해 관계자들 사이에 공통된 기준을 확립하는 과정도 필요하다. 나중에 언급할 3단계 중 '표준화하라' 단계와도 관련이 있겠지만 리뷰할 때 기존에 만들어 놓은 표준을 프로세스 표현이 잘 따르고 있는지 확인하는 작업이 필요하다. 이때의 표준은 사용하는 용어에 대한 표준, 공통 표현 패턴을 따랐는가 하는 관점에서 정의한다. 공통 표현 패턴이라는 말의 뜻은 프로세스를 표현하다 보면 이런 상황에서는 이렇게 표현하자고 서로 합의하여 액티비티, 게이트웨이, 이벤트를 나열하는 방법에 대해 합의한 결과를 정리하여 만든 규칙이라는 의미이다. 잘 만들어 둔 표준 표현 패턴이 많아질수록 후속적으로 작성하는 프로세스들의 작성 속도가 빨라지는 효과를 기대할 수 있다.

공통의 규칙 또는 표준과 관련하여 책을 공동 집필하는 경우에 비슷한 경험을 했었다. 여러 명의 저자가 하나의 책을 써야 하는 상황이었다. 세세한 가이드라인과 샘플 챕터가 없이 각 저자가 사전에 정해진 일정을 따라가기 위해 할당된 부분에 대한 내용을 작성했는데 나중에 각자 쓴 내용을 읽어보니 문체가 다른 것부터 시작해서 서술방식, 그림이나 표를 사용하는 방식 등 도무지 일관성을 찾기가 힘들었다.

프로세스를 표현할 때에도 글을 쓰는 경우와 똑같은 상황이 발생한다. 공통의 규칙이 없으면 BPMN 도형들을 가지고 사람마다 각자 다른 기준으로 프로세스를 정의해 버리게 된다. 그래서 여러 사람이 모여 프로세스를 정의하는 경우에 각자 정의해보고 나중에 합치자고 하면 문제가 된다. 누구는 하나의 액티비티로 정의한 작업을 다른 사람은 3개로 쪼개서 정의하거나, 실제 내용상 같은 작업임에도 이 사람 저 사람이 모두 다른 용어로 정의해서 혼란이 생기기도 한다.

여러 사람이 공동작업으로 작성하는 경우 좋은 방법은 익스트림 프로그래밍eXtreme Programming에서 말하는 페어 프로그래밍Pair Programming 방법이다. BPMN으로 프로세스를 그리는 사람은 드라이버로 한 명만 지정해서 실제 문서를 작성하도록 하고 나머지 사람들은 내비게이터가 되어 작성되는 프로세스의 문제를 생각해서 드라이버에게 피드백을 주는 방식을 사용하면 효과가 좋다.

리뷰의 중요성은 아무리 강조해도 지나치지 않으니 '내가 작성한 내용이 무조건 맞다'는 자만심은 접어두고 겸허한 자세로 리뷰를 받도록 하자. 리뷰하는 과정에서 프로세스에 참여하는 다양한 사람들의 생생한 이야기를 들을 수 있어 리뷰시 오가는 피드백은 그들의 경험과 지혜를 프로세스에 녹여낼 수 있는 재료가 된다. 중요한 것은 리뷰에 임하는 프로세스 표현자로서의 당신의 자세이다.

앞서 '들어라' 단계에서도 언급했던 마쓰시타 고노스케는 다음과 같은 말도 남겼다. "사람은 전지전능한 신이 아니기에 지혜에도 한계가 있을 수밖에 없다. 아무리 위대한 사람이라도 그 지혜는 한정적일 수밖에 없다. (중략) 혼자만의 지혜로 일을 처리하기보다 모르는 것은 수시로 물어야 한다. 잘 알고 있다고 생각하는 일이라도 다시 한 번 타인의 지혜를 구해 더 나은 방법은 없는지 찾아보아야 한다."

6. 2단계 시스템화 – 손에 잡히게 하라

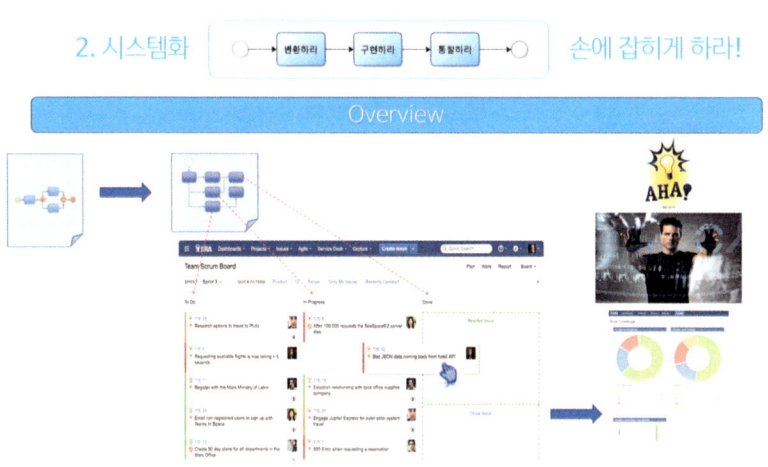

1단계 시각화를 통해 눈에 보이지 않던 프로세스를 눈에 보이도록 표현해냈다면 이제 프로세스가 손에 잡히도록 살아 움직이도록 만들 차례이다. 시각화만으로도 많은 도움이 되지만 실제로 동작하는 프로세스가 몸으로 체감할 수 있는 효과를 가져다준다. 프로세스가 마치 손에 잡히는 느낌을 받게 하는 단계가 2단계 시스템화이다. 가장 먼저 프로세스가 동작할 시스템을 선정한 후 그 시스템에서 지원하는 프로세스 기능 또는 워크플로우의 형태로 시각화한 프로세스를 변환한다. 시스템에서 지원하는 방법을 통해 프로세스를 최종적으로 칸반 형태로 동작하도록 만드는 구현과정을 거쳐, 실제 업무에서 사

람들이 사용하면서 쌓이는 데이터로부터 통찰을 이끌어 내어야 '2단계 시스템화'가 끝난다.

프로세스 시스템의 요건

'2단계 시스템화'를 처음 시도하는 시점에는 우선 프로세스를 운영할 시스템부터 선정해야 한다. 실천법에서 시스템의 선정과정이 빠진 이유는 실천법 자체가 수많은 프로세스를 반복적으로 만들어 나가는 공통적인 과정을 추출했기 때문에 시스템화를 시작하는 맨 처음 한 번만 하는 시스템의 선정은 세부단계로서 포함시키지 않았다.

사용하던 시스템을 변경하는 일은 엄청나게 어렵다. 애초에 시스템을 선정할 때 나름의 기준을 가지고 여러 솔루션을 제대로 평가하여 자신의 조직에 맞고 몸에 맞는 자꾸 쓰고 싶어지는 시스템을 선택해야 한다.

나는 좋은 프로세스 시스템이 다음의 6가지를 만족시키는 SW 솔루션이라고 생각한다.

1) 사용하기에 편할 것
2) 관리하기에 편할 것
3) 칸반을 제공할 것
4) 유연함을 가지고 있어 어떤 업무라도 맞출 수 있을 것
5) raw data를 입력/출력 가능할 것
6) 프로세스 관련 데이터 시각화가 가능할 것

편의상 번호를 매기기는 했지만 각 요소에 우선순위나 중요도의 차

이가 있지 않으며 시스템화를 위한 솔루션 소프트웨어는 6가지 요건을 모두 갖추어야 한다. 시스템을 선택함에 있어 몇 가지 기능이 제공되지 않는다면 절름발이 형태로 사용하는 불편함을 감수할 수 있을 만큼 특정 기능이 뛰어난 경우에는 예외가 있을 수 있으나 온전한 시스템으로서 동작하려면 6가지 기능이 모두 제공되는 소프트웨어를 선택하여야 한다.

각 요건에 대해 좀 더 살펴보기로 하자.

1) 사용하기에 편할 것

시스템은 사용자 관점에서 편리한 UIUser Interface를 제공해야 한다. 사용하기 편하다는 느낌은 사람마다 기준이 다를 수 있는 문제이나 어느 정도 공통점도 가지고 있다고 생각한다. 내가 생각하는 사용하기 편한 것이란 직관적으로 사용할 수 있어야 하고, 도움말을 해당 기능의 근처에서 얻을 수 있어야 하며, 사용자가 잘못 했을 경우 바로 잡을 수 있는 경고나 메시지를 적절하게 제공함을 의미한다. 색상을 효과적으로 사용하여 정보를 인식하는 데 도움을 준다면 더 좋다. 그리고 반응Response이 빨라야 한다. 사람들은 그다지 참을성이 많지 않다. 단순히 처리속도가 빨라야 함을 의미하지 않는다. 1,000가지 데이터를 결과로 보여줘야 하는데 처리시간이 1분이 걸린다면, 먼저 100개만 5초 만에 보여주고 나머지는 처리되는 대로 나중에 덧붙여서 보여주면 사용자는 그다지 느리다고 생각하지 않는다. 최근에는 특히 웹에서 이런 방식으로 동작하는 소프트웨어(이하 SW로 줄여서 표기함)가 많아지고 있다.

2) 관리하기에 편할 것

일반적으로 사람들이 SW를 접하는 입장은 사용자인 경우가 많아서 관리자들이 어떻게 하는지는 신경 쓰지 않는다. 하지만 시스템화를 위해서는 프로세스를 구현할 SW를 이해하고 프로세스를 직접 정의해야 하고 운영해야 하는 관리자가 반드시 필요하다. 관리자 없이는 사용자가 있을 수 없다. 대게는 시스템을 운영 및 관리해 본 경험이 많은 사람이 하기 때문에 '전문가니까 알아서 잘 하겠지' 하면서 간과해 버릴 수 있는 문제이지만 관리자들도 관리하기 쉬운 SW를 사용하고 싶어 한다. 너무나 관리하기가 어려운 극악의 난이도를 보여주는 SW가 있는가 하면, 설치부터 설정, 장애 발생 대응까지 쉽게 해주는 SW도 있다.

개인적으로는 Microsoft 서버 제품군에서 관리자 입장에서 최악의 경험을 했었다. 연관되는 시스템이 많은 데다가 그것들끼리 얽히고 설켜서 문제 하나가 발생하면 해결하느라 엉킨 실타래를 푸는 느낌이었다. 결국에는 시원하게 문제를 해결하지도 못한 채 해결을 포기해야만 했던 떠올리기 싫은 경험을 하기도 했다.

반면 관리자 입장에서도 산뜻한 느낌을 받았던 SW는 앞으로 소개할 Atlassian사의 JIRA[11]이다. 설치가 쉽고 시스템 관리에 필요한 설정 작업을 관리자 UI를 통해 사용해 설정하며 장애가 발생할 경우에 필요한 로그도 파일 하나로 묶어주고 그 파일만 전송하면 되는 등 시스템 관리가 어렵지 않았다. 지금까지 여러 SW를 설치하고 운영해 왔

---

11 http://ko.atlassian.com/software/jira

지만, 관리자 입장에서 이렇게 사용하기가 쉬웠던 SW는 JIRA가 처음이다. 그만큼 매우 좋은 느낌을 받았다.

잔잔한 호수 위를 우아하게 떠다니는 백조도 물 위에 떠 있기 위해 물 아래에서는 바쁘게 두 발을 놀리고 있어야 한다. 관리자들은 사용자가 우아한 서비스를 받을 수 있도록 보이지 않는 수면 아래에서 시스템 및 서비스의 관리에 각고의 노력을 기울인다.

3) 칸반을 제공할 것

칸반은 앞에서도 설명한 바와 같이 시스템화에서 핵심적인 기능이다. 칸반을 지원하지 않으면 프로세스를 타고 흘러다니는 아이템들에 대해 그것이 프로세스의 어느 상태에 있는지 확인하기가 쉽지 않다. 그리고 다음 상태로 가기 위해서 어떻게 해야 하는지 교육을 통해 배우지 않으면 이 또한 사용하기가 쉽지 않다. 칸반도 처음 보는 사람에게는 교육이 필요한 기능이기는 하지만 단 5분 정도만 사용법을 직접 보여주거나 조작하는 동영상을 보여주면 곧잘 따라서 할 수 있을 만큼 쉬운 사용법을 가지고 있다. 사람들이 이미 드래그 앤 드롭으로 사용하는 방식에 익숙해져 있기 때문이다. 여태껏 수백 명의 사람들에게 칸반의 사용법을 설명했지만, 사용법이 어렵다는 말을 하는 사람은 한 명도 보지 못했다. 물론 컴퓨터를 어느 정도 다룰 줄 아는 사람들이었기 때문에 어렵다고 하지 않았을 수 있다. 컴퓨터를 전혀 사용할 줄 모르는 사람에게는 칸반을 사용하기가 쉽지 않을 것이다. 그런 사람들은 칸반이 문제가 아니라 컴퓨터 자체를 사용하는 법을 먼저 터득해야 한다. 터득한 다음에는 칸반이 사용하기 어렵다는 말은 하지 않을 것임에 틀림없다.

　사실 이렇게까지 확신을 가지고 말할 수 있는 이유는 처음에 프로세스를 시스템에 구현해서 사용자에게 교육하고 이제 잘 쓰겠거니 했었으나 실제로는 사용자들이 프로세스를 사용하지 않았던 뼈아픈 경험이 있었기 때문이다. 프로세스 시각화를 아무리 잘하고 시스템화까지도 잘했더라도 정작 사용자가 쓰기 어려워 외면한다면 아무 소용이 없다. 사용자 입장에서 가장 쉽고 편한 방법이 무엇인지 끝까지 고민해야만 한다. 그래야만 공들여 만든 프로세스가 활기차게 동작하는 모습을 볼 수 있다. 사용자들이 잘 사용하는 모습을 보면 굉장한 보람과 성취감이 느껴진다.

4) 유연함을 가지고 있어 어떤 업무라도 맞출 수 있을 것

　SW는 어떻게 만드느냐에 따라 변경의 유연함 정도가 천차만별이다. 사용자 입장에서는 구현이 완료된 기능만을 사용하므로 서비스를 어떻게 만들고 구성했는지 알 필요도 없고 알 방법도 없지만, 관리자는 조직 내의 여러 업무 프로세스를 시스템에 구현해야만 한다. 그러기 위해서 직접 프로그래밍을 하는 방법부터 UI 화면만을 사용하여 데이터 정의, 화면구성, 프로세스 정의를 할 수 있는 방법까지 다양하게 존재하고 있다. 당연히 후자처럼 프로그래밍 없이 UI만으로 새로운 업무를 시스템에 구현할 수 있다면 매우 좋다.

　여기서 유연함이란 프로그래밍을 거의 하지 않고도 새로운 업무를 시스템에 구현할 수 있음을 의미한다. 거의 프로그래밍을 하지 않는다는 말은 범용적으로 사용 가능한 SW를 특정 업무에 맞출 경우 어쩔 수 없이 기능상 구현이 불가능한 어떤 틈이 생기게 되는데, 그 틈만을 메울 수 있을 정도의 최소한의 프로그래밍만으로 다양한 상황에 대응할 수 있는 기능 내지는 잠재적 능력을 갖추고 있어야 함을 뜻한다. 처음부터 모든 기능을 직접 만들어 내는 것에 비하면 시간적으로나 금전적으로나 이득이다. 시스템화를 위한 SW를 선정할 때 유연함은 반드시 확인해야 하는 중요한 기준이다. 검토하는 시간에 몇 개월이 걸리더라도 좋은 SW를 선택한다면 향후 몇 년의 시간을 절약할 수도 있으니 신중하게 선택해야 한다.

5) raw data를 입력/출력 가능할 것

1~4의 조건을 모두 만족하는 SW라 하더라도 raw data(데이터베이스에 저장된 상태와 가까운 날 것 그대로의 데이터)를 입력 또는 출력 불가능하다면 해당 SW를 선택하기에 앞서 한 번 더 고민해 주길 당부한다. 실제 업무 상황에서는 다양한 방식으로 데이터가 생성되고 다양한 방식으로 활용하기를 원하는 요구가 많이 발생한다. SW만으로 이런 모든 요구에 대응하는 것은 현실적으로 불가능하다.

다양한 방식으로 만들어진 데이터를 시스템에 입력Import할 수 있어야 하고, 시스템 상에서 생성된 데이터를 외부로 출력Export해서 다양한 방식으로 활용할 수 있도록 제공해야 한다.

SW 테스트 프로세스를 실제로 운영하는 사례를 통해 살펴보자. 시스템에는 테스트 업무가 실제로 구현되어 있고 어떤 세부 항목들을 사용하는지 정의되어 있다. 개발부문의 테스트 의뢰자가 공식적으로 배포된 엑셀 템플릿 파일에 테스트해 주었으면 하는 항목을 작성해서 QA 부서에 넘겨준다. 그러면 엑셀 파일을 받은 QA 부서에서는 (이 시나리오에서는 QA 부서가 시스템도 관리하는 상황이라고 가정한다) 시스템에 받은 테스트 항목Test case을 등록하는데 미리 정의되어 있는 엑셀 → 시스템 데이터 간 매핑 파일을 사용해서 시스템에 등록 완료하고 테스트를 시작할 것임을 테스트 의뢰자에게 알린다. QA 부서에서는 테스트를 진행하고 테스트가 끝나면 테스트 결과를 시스템에서의 결과 리포트를 통해 테스트 의뢰자와 공유한다. 만일 테스트 의뢰자가 결과를 엑셀로 받고 싶어 한다면 발견된 문제(버그, 개선점)들을 엑셀로 출력해서 전달한다(실제로는 시스템상에서 결과가 다 제공된다). 테스트 결과를 받은 의뢰자는 받은 엑셀 파일의 데이터를 이리저리 피봇테이블 기능을 통해 분석해서 어떤 부분에 문제가 많이 발생하는지 문제의 위험등급별로는 어떻게 되는지 등을 보고 향후 더 나은 제품을 만들기 위해 분석한 결과를 활용한다.

이와 같은 방식으로 raw data는 다양한 사용자의 상황에 맞게 활용될 수 있으며 실제로 대량의 데이터를 한꺼번에 만들어야 하는 경우에 유용하게 사용된다. 시스템을 사용한다고 해서 1,000개나 되는 아이템을 일일이 시스템 화면을 통해 만들도록 강요한다면 시간 낭비일 뿐만 아니라 사용자가 시스템에 반감을 가지게 되는 원인을 제공하게 되는 결과로 이어질 수 있다. 상식을 정의하기는 쉽지 않지만, 시스템은 상식적으로 사람이 편리하고 시간을 아낄 수 있는 방식을 지원해야만 한다.

6) 프로세스 관련 데이터 시각화가 가능할 것

시스템에 프로세스를 구현해서 사용자들도 잘 사용하는 상황이 되면 데이터가 쌓이기 시작한다. 쌓이는 데이터를 그냥 넋 놓고 보고만 있지 말고 분석해야 한다. '구슬이 서 말이라도 꿰어야 보배'라는 속담은 여기에 딱 맞는 말이다.

다양한 차트를 사용하여 대시보드를 구성하면 시스템에 쌓이는 데이터를 시각화하는 것이 가능하다. 사람들은 이렇게 분석된 데이터를 통해서만 현상을 판단하고 개선할 점이 있는지를 도출해 낼 수 있다. SW 상에서 기본적으로 제공하는 시각화 도구들도 다양하게 존재하지만 실제 상황에서는 더 다양한 방식을 요구한다. 내 경험으로는 다양한 데이터 시각화 요구에 모두 대응 가능한 SW를 찾는 것은 불가능했다. 결국, 나는 데이터만 외부로 뽑아내서 직접 입맛에 맞는 방식으로 시각화하는 방식을 택했지만 SW에서 기본적으로 시각화하는 기능을 많이 제공한다면 가장 좋다. 기본적인 대시보드, 차트, 표 등 시각화 방식은 어떤 방식으로든 반드시 제공해야 한다. 시스템에서 제공하지 않는 기본 기능 이외의 시각화가 필요한 경우에만 어쩔 수 없이 외부에서 데이터를 시각화해야 한다.

6.1 변환하라

변환하라 구현하라 동작시켜 **손에 잡히게 하라!**

시스템화하기 가장 좋은 방법은 1단계 시각화에서 정의한 프로세스 표현이 그대로 시스템에서도 자연스럽게 동작하는 솔루션을 사용하면 된다. BPM 솔루션이 바로 그렇게 해 주는데 보통은 아주 큰 조직이 실제의 프로세스 운영에 사용하는 솔루션이기에 비용이 비싸고 구현과정에 해당 전문가를 필요로 한다. Camunda BPM이라는 무료인 오픈소스이면서도 UI를 통해 구현하는 것이 가능한 솔루션도 있기는 하나 실제로 구현에 필요한 다양한 지식과 경험이 필요하다. 여기서 시스템으로 사용하려 하는 JIRA 외에 대안이 전혀 없지는 않다라는 사실을 전하고자 하니 참고해 주었으면 좋겠다.

BPM을 언급한 이유는 순수한 BPM 솔루션이라면 BPMN으로 시각화한 프로세스를 그대로 시스템으로 옮길 수 있으나, JIRA는 BPM 솔루션이 아니기에 BPMN을 그대로 시스템에 구현하는 것이 불가능하기 때문이다. 이는 분명히 단점이지만 JIRA가 태생적으로 BPM을 지향하지 않은 이슈관리시스템에서 출발한 프로젝트 관리시스템이면서도 워크플로우 기능을 가지고 있어 프로세스를 운영할 수 있는 기능을 제공한다는 점을 높이 평가할 필요가 있다.

이상과 현실이 다르듯 문서로만 표현한 BPMN 프로세스와 실제로 시스템에서 동작하는 프로세스는 시스템의 제약사항을 반영해야 하기 때문에 변환과정이 필요하다. 시스템화의 목적은 프로세스가 실제로 동작하도록 하는 데 있기 때문에 실제로 동작할 수 없는 이상적이고 추상적으로 표현된 부분을 시스템에 맞게 맞게 바꿔야 한다.

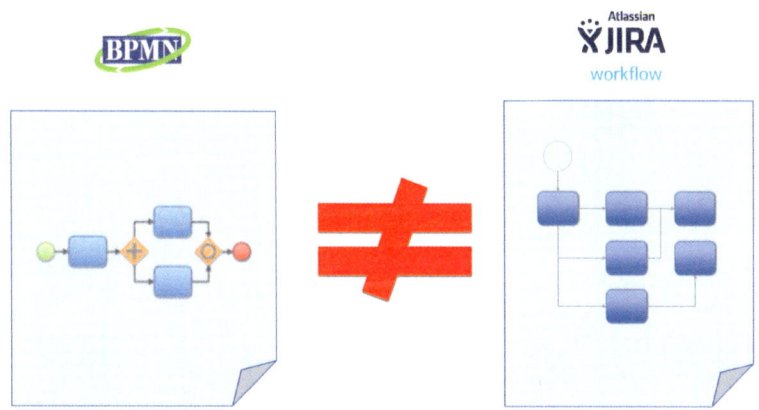

　좀 더 실제적인 내용을 살펴보도록 하자. 먼저 JIRA 워크플로우 기능의 한계부터 알아야 한다. JIRA에서는 조건 분기가 불가능하고 병렬적으로 수행하는 액티비티를 구현하는 것이 불가능하다. BPMN에서 이벤트로 정의한 부분도 사람이 직접 상황이 발생했음을 인지한 후 JIRA에 반영해 주어야 하는 불편함도 있다. 안 되는 점만 늘어놓았지만, 한계는 한계대로 정확하게 파악해야만 변환이 원활하게 이루어지도록 할 수 있다.

　앞서 설명에 있었던 커피숍 프로세스를 JIRA에 맞는 프로세스로 변환하면 다음 그림과 같다. 이는 칸반 구현까지 예상하여 고려한 후 변환한 결과이다.

　JIRA에 맞춰 변환하는 몇 가지 규칙이 있다. 먼저 스윔레인을 세로로 배치한다. 캐셔가 수행하는 주문과 대금결제를 세로로 배열했음을 볼 수 있을 것이다. JIRA 칸반에서는 같은 스윔레인에서 액티비티를 이동시킬 때 세로로 나열할 수 밖에 없다는 한계를 반영한 것이기도 하다.

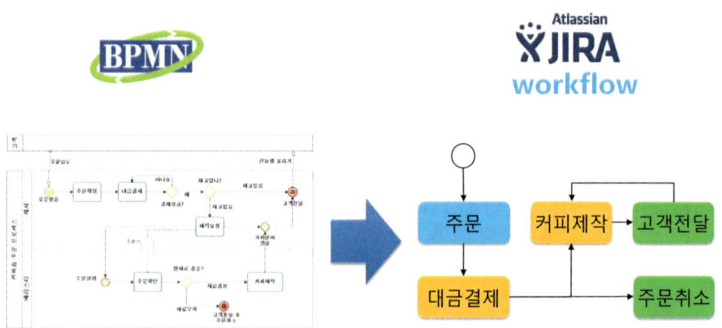

변환한 프로세스는 BPMN으로 따로 정리해도 되고 파워포인트를 사용하거나 그냥 종이에 메모하는 것도 상관이 없다. 시스템화 단계를 여러 사람이 공동 작업을 통해 진행한다면 협업하기 쉬운 형태로 보기 좋게 정리하고 공동 작업 공간에 두어야 한다. 이렇게 JIRA에 구현할 프로세스로 변환했다면 프로세스 변환작업이 끝난다.

만약 프로세스 시스템화를 주도하는 작업자가 JIRA 관리자 수준이 아니라면 변환하는 과정부터 JIRA 관리자와 가깝게 지내면서 변환한 프로세스를 함께 리뷰하고 JIRA에 구현하는 데 문제가 없는지 반드시 확인하여야 한다. 프로세스 구현과 JIRA 관리를 한 사람이 모두 할 수 있다면 좋겠지만 엄연히 다른 전문분야로 보아야 하기 때문에 당신이 JIRA 전문가가 아니라면 수단과 방법을 가리지 말고 JIRA 전문가와 함께 시스템화 과정을 진행했으면 한다.

6.2 구현하라

○→ □ → 구현하라 → □ →○ 손에 잡히게 하라!

　JIRA에서 실제로 프로세스를 구현하는 방법에 대해서 알아보도록 하자. JIRA는 범용적으로 프로젝트에서 발생하는 데이터들을 관리할 수 있는 기능들을 가지고 있지만, 프로세스를 구현하는 관점에서 보면 JIRA의 모든 기능을 사용하는 것은 아니다. 시각화 과정에서 도출된 프로세스로부터 JIRA 구현을 통해 칸반과 대시보드까지 만드는 과정을 화면의 스크린 샷으로 보여주면서 직접 따라서 할 수 있을 정도로 설명하고자 한다.

〈JIRA에 프로세스를 구현하는 과정〉

1. 사용할 JIRA 서버 준비

2. JIRA 사용자 기본사용법 습득

　이슈생성/편집/삭제, 이슈 검색, 대시보드 사용, 칸반 사용

3. JIRA 관리자 기본사용법 습득

　프로젝트, 이슈, 애드온, 유저 관리, 시스템

4. 프로세스 운영환경설정

　부가적: 사용자 생성, 권한 관리, 알림 관리, 애드온 관리, 라이선스 관리, 외부 시스템 연동, REST API 사용

5. 프로세스 핵심구현

　이슈타입 생성, 사용자 필드 생성, 스크린 생성, 워크플로우 생성, 대시보드 생성, 칸반보드 생성

위 과정 중 1~4는 프로세스 구현을 위한 사전 준비단계이다. 하루 아침에 갑자기 JIRA를 잘 쓰게 되는 일은 없을 테니 미리 시간을 투자하여 JIRA와 친해져 있어야 한다. JIRA의 기본 사용법에 대한 자세한 설명은 3부에서 하도록 하겠다. 여기서는 기본 사용법은 이미 알고 있는 상황이라 가정하고 프로세스를 어떻게 구현하는가만 설명하기로 한다.

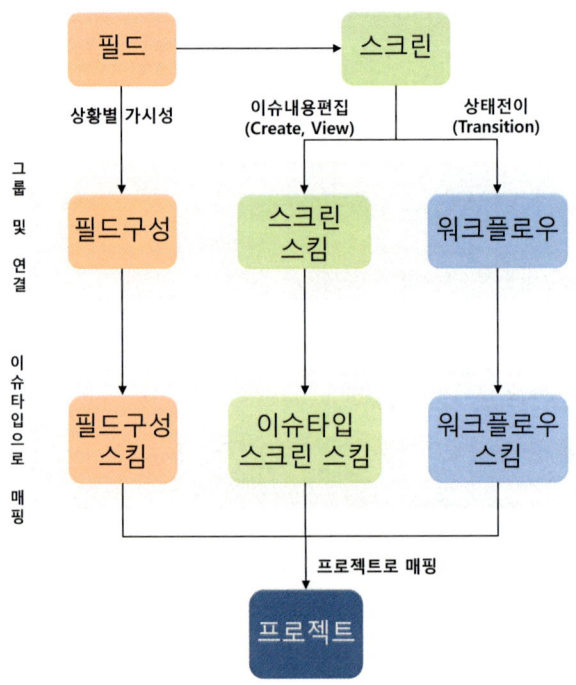

[그림 14] JIRA 구현(커스터마이징)에서 필수로 알아야 할 요소 간 관계도

출처: http://confluence.atlassian.com/adminjiraserver071/project-screens-schemes-and-fields-802592517.html

앞의 그림은 복잡하게 느껴지는 JIRA에서의 구현(커스터마이징)에 관련된 요소들과의 관계를 한 장으로 정리한 자료이다. 나는 처음에 이런

자료가 있는 줄도 모르고 일일이 몸으로 부딪혀 가며 경험을 쌓으면서 조금씩 알아갔다. 나중에 이 자료를 보고 '진작 봤으면 좋았을걸' 하는 안타까운 생각도 들었었다. 실제 구현작업 들어가기에 앞서 꼭 이 자료를 먼저 숙지한 후에 다음으로 진행하기를 바란다.

프로세스를 구현하는 대상으로 내가 읽은 책들의 기록을 관리하는 독서관리를 예로 들도록 한다. 독서관리 정보는 프로세스화 되지 않은 업무가 대부분 그렇듯이 스프레드시트로 관리하는 데이터이다. 실제로 매년 독서목표를 정하고 그 목표를 달성하기 위한 과정을 관리하기 위해 만들어서 2년째 사용하고 있다. 진작부터 JIRA로 변경하려고 마음먹고 있었지만 막상 손대지 못하고 있던 차였다.

데이터를 보면 책 하나하나의 세부 정보를 추가/수정/삭제하는 연도별 시트를 데이터raw data로 삼고 여러 관점으로 시각화visualization 한 대시보드 2개로 구성되어 있다. 당신이 프로세스화할 대상도 이와 비슷한 상황이 아닌가? 아마도 데이터는 엑셀로 여러 사람이 돌려가며 관리하면서 보고를 받는 사람이 원하는 별도의 보고서 형태가 있어서 따로 작성해야 하는 상황이리라 짐작한다.

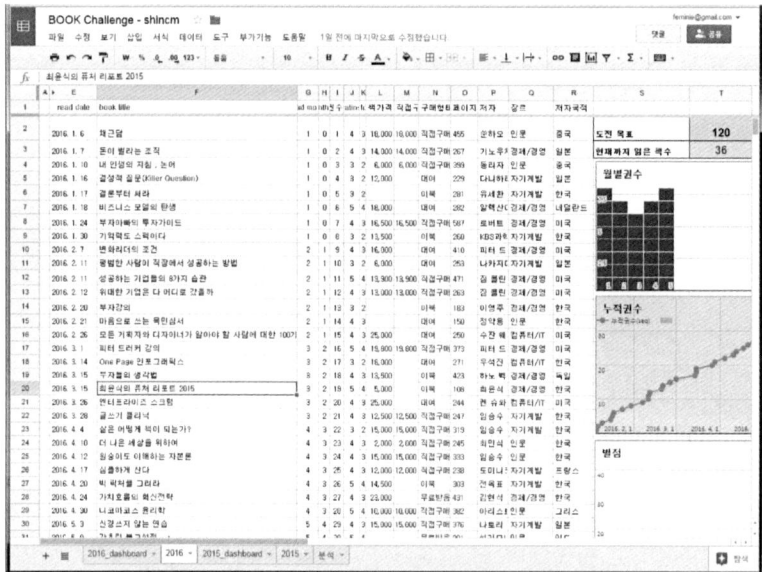

[그림 15] 개인 독서관리 Raw Data(Google Spreadsheet)

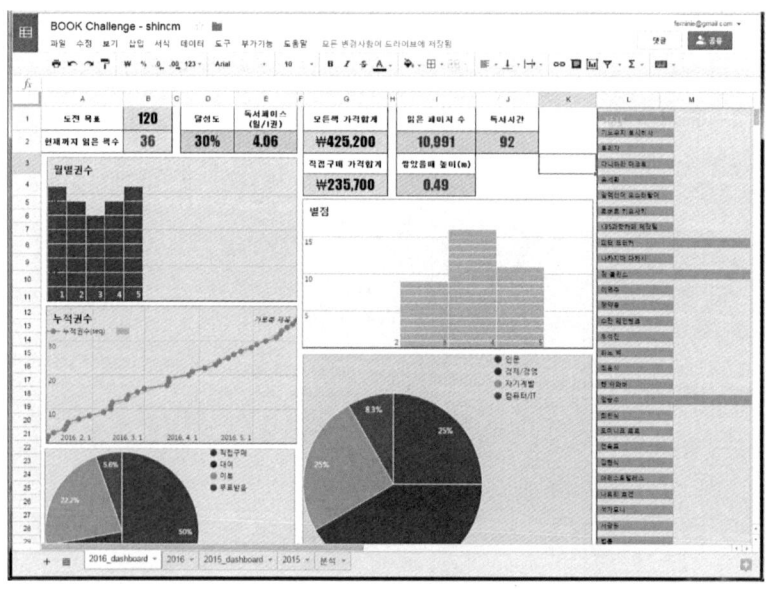

[그림 16] 개인 독서관리 대시보드

이제 새로운 프로젝트 'Book Challenge'를 만들어 이곳에서 프로세스를 만질 수 있게 만들어 보도록 하자.

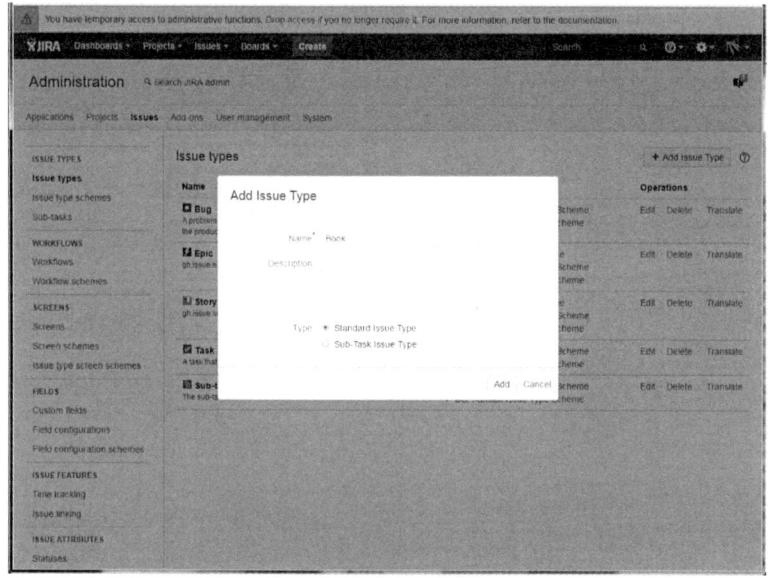

[그림 17] 이슈타입 생성

이슈타입은 JIRA에서 가장 핵심적인 개념으로 JIRA가 관리하는 모든 데이터의 기본이 된다. 보통 이슈라는 단어는 이미 발생한 문제이면서 해결해야 할 사안이라는 의미로 사용한다. JIRA에서는 발생한 문제만을 의미하는 것이 아니라 데이터로 관리할 아이템 그 자체를 이슈라고 한다. 예를 들면 버그리포트, 유저스토리(사용자 요구사항), 서비스 개선 요청, 할 일task 같은 유형을 이슈타입으로 만들게 된다. 여기서는 책 한 권의 단위로 데이터를 관리하려고 하기에 Book이라는 이름으로 이슈타입을 만든다.

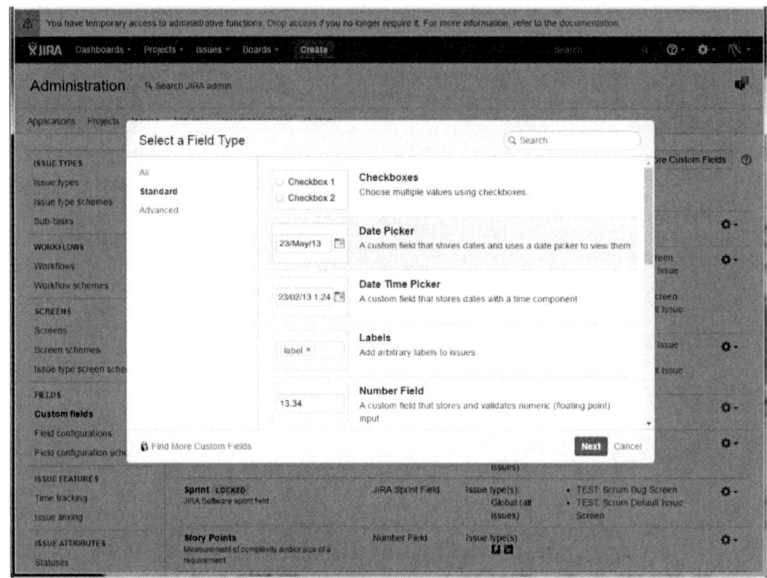

[그림 18] 커스텀 필드 생성

커스텀 필드는 앞서 만든 이슈에 대해 보다 더 상세하게 설명하기 위한 속성에 해당하는 항목이다. 사용자가 직접 만들고 정의할 수 있다. 책이라는 대상을 설명하기 위한 속성들을 떠올리면 된다. 책 제목, 저자, ISBN(책을 고유하게 식별하기 위한 코드), 가격, 페이지 수 같은 항목들이 커스텀 필드가 된다. 만들고자 하는 유형에 따라 텍스트 입력, 날짜입력, 목록에서 선택과 같은 종류를 골라서 가장 잘 표현하고 사용자의 입력을 받기 쉬운 형태로 만들면 된다.

주의해야 할 점은 같은 이름으로 커스텀 필드를 여러 개 만들면 나중에 관리할 때 어디서 사용되는지 찾기 힘들어지니 주의하자. 공통적인 하나의 커스텀 필드를 만들어 여러 스크린에서 사용하는 것이 좋은 방법이다.

또 다른 주의점은 일단 생성한 커스텀 필드에 대해서는 텍스트 입력, 날짜 선택과 같은 타입을 다른 타입으로 변경할 수 없다는 점이다. 타입을 변경하려면 새로운 커스텀 필드를 만들어야만 한다.

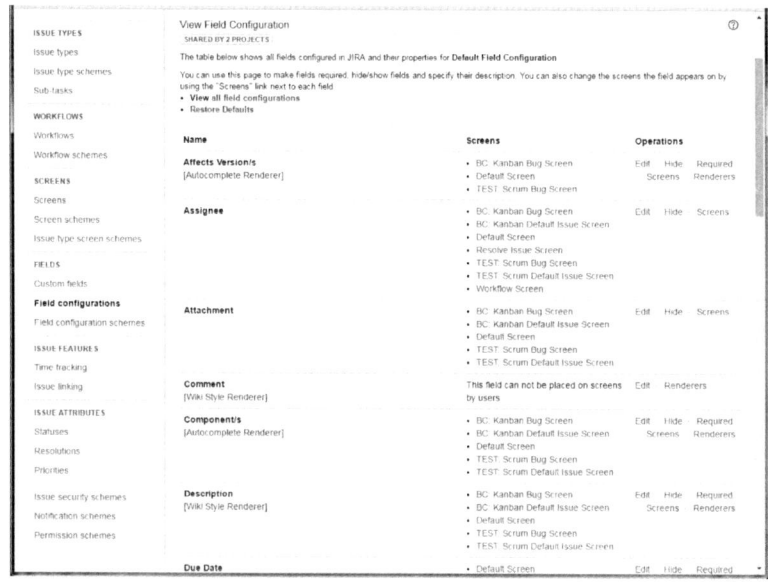

[그림 19] JIRA 필드구성

필드구성은 어떤 필드가 어떤 스크린에 보이는지를 설정하는 화면이다. 이 화면에서 커스텀 필드에는 보이지 않던 기본 필드(커스텀 필드가 아닌 JIRA가 default로 생성해 놓은 필드를 의미)가 보이게 되는 데 그냥 있는 것을 쓰면 된다. 가능한 한 커스텀 필드를 만들지 않고 기본 필드를 활용하면 좋겠으나 이내 기본필드만으로는 답답함을 느끼게 된다. 실제 내가 운영하는 JIRA 서버에서는 이런저런 업무를 구현하다 보니 커스텀 필드가 벌써 200개가 넘었다. 너무 많아지면 관리부담이 커지고 JIRA 자체에도 성능적인 문제를 일으킬 수도 있어서 아무리 찾아도 기존에 만들어 둔 필드가 없는 때에만 어쩔 수 없이 만들어야 하는 것이 커스텀 필드이다.

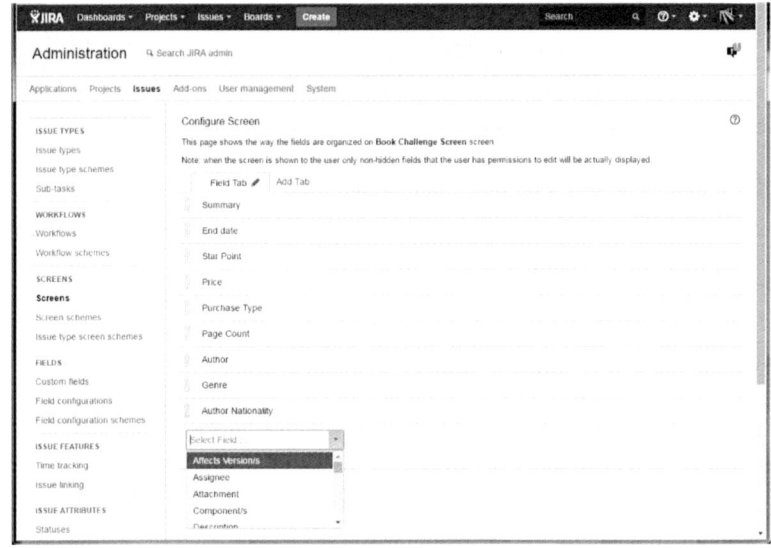

[그림 20] 스크린 생성 후 커스텀 필드 표시설정

스크린 설정은 이슈타입과 커스텀 필드를 만든 상태에서 데이터를 입력받을 때 커스텀 필드가 어떤 순서로 나열되는지를 설정하는 화면이다. 드래그 앤 드롭으로 커스텀 필드가 보이는 순서를 정하면 저장할 필요 없이 바로 적용된다.

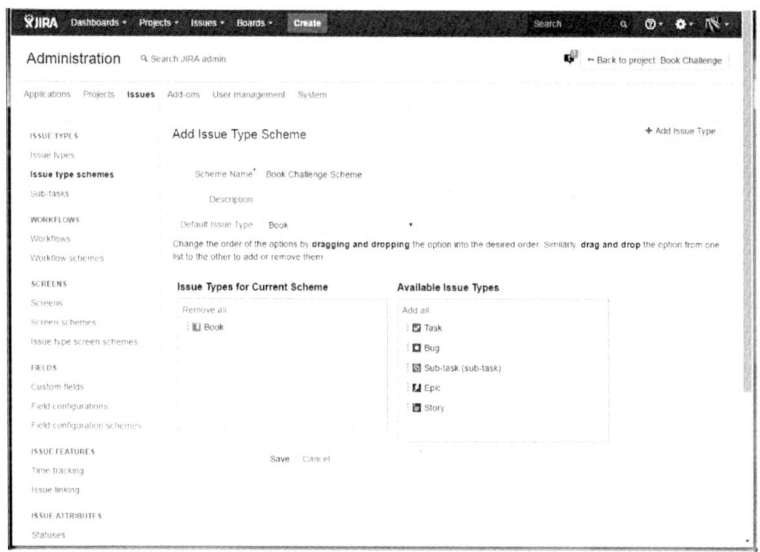

[그림 21] 이슈타입 스킴 설정

이슈타입 스킴은 프로젝트 단위에서 어떤 이슈타입만을 골라서 사용할지 지정하는 화면이다. JIRA를 운영하다 보면 이슈타입도 매우 많아지게 되는데 그 많은 이슈타입을 모든 프로젝트에서 다 사용하라고 하면 사용자들이 너무 어려워하게 된다. 프로젝트에 참여하는 사람들이 관심이 있고 관리하고 싶어 할 만한 이슈타입만을 고를 수 있게 하는 기능이라고 생각하면 된다. Book Challenge프로젝트에서는 Book이라는 이슈타입 하나만을 사용할 것이므로 Book만 스킴에 넣은 것을 볼 수 있다.

[그림 22] 워크플로우 생성 - 상태 만들기

워크플로우는 이슈타입으로 생성된 데이터가 따라서 흘러가게 될 상태의 흐름을 정의하는 기능이다. 프로세스는 정의와 같은 의미이다. 워크플로우 상에서의 상태status를 '1단계 시각화'에서 정의하고 '2단계 시스템화'의 '변환하라' 단계에서 만들어 둔 프로세스 다이어그램을 참고하면서 상태를 정의하면 된다.

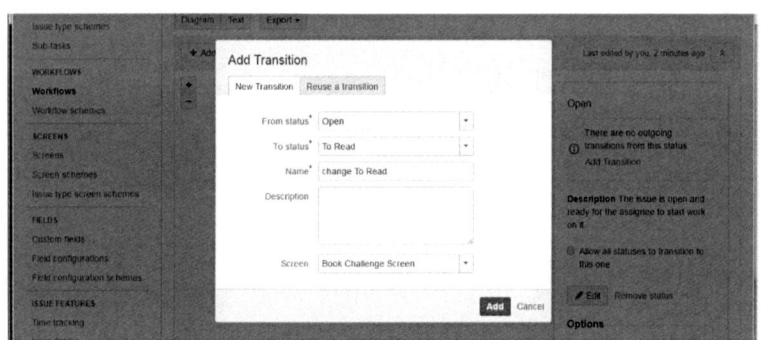

[그림 23] 워크플로우 생성 - 상태 전이 만들기

상태들을 만들었으면 상태들 사이를 흐르는 전이transition를 정의해야 한다. 어떤 상태에서 어떤 상태로 가는지를 연결해 주면 된다. 특

정 상태 전이에서만 보여주고 싶은 스크린이 있다면 연결해 주는 것
도 가능하다. 이 경우에는 사전에 스크린을 만들어 두었어야 선택이
가능하다.

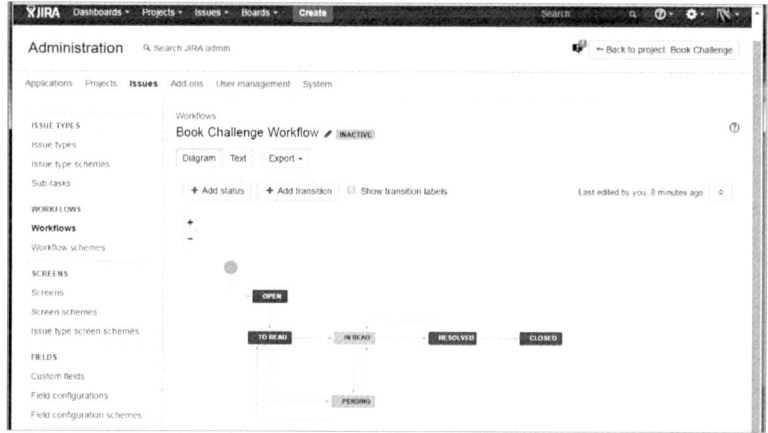

[그림 24] 완성된 워크플로우

워크플로우를 통해 프로세스를 구현하면서 주의해야 할 점은 두 가
지다.

첫째로 워크플로우를 수정하면 반드시 publish를 해주어야 변경사
항이 반영된다는 점이다. 화면에서 워크플로우가 변경되었다고 해서
곧바로 데이터에 적용되지 않는다.

둘째로는 되돌아오는 상태 전이도 넣어주어야 한다는 점이다. 사람
은 때때로 의도하지 않게 잘못 조작하기도 한다. 원하는 상태로 되돌
아갈 수 있게 해주어야 한다. 되돌아가도록 해주다 보면 워크플로우
가 매우 복잡해질 수도 있다. 실천법에서는 칸반 사용을 전제로 하기
때문에 JIRA의 워크플로우가 복잡하더라도 사용자들은 그 사실을 느
끼지 못한다. 칸반이 복잡한 워크플로우도 단순화시켜주기 때문이다.

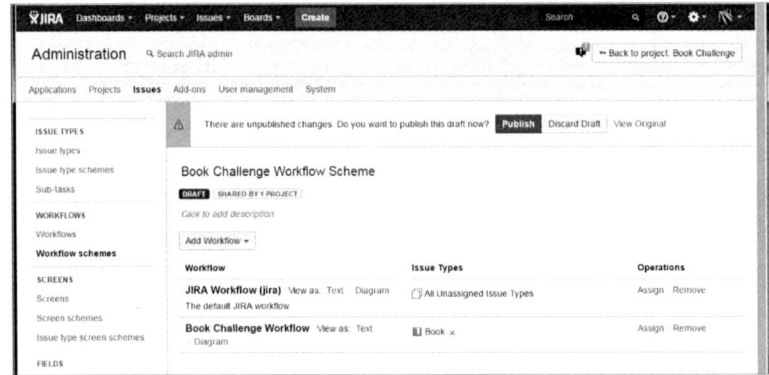

[그림 25] 워크플로우 스킴 생성

앞서 만든 워크플로우도 스킴을 지정해야 한다. 워크플로우는 하나 이상의 이슈타입에 연결하게 된다. 이 의미는 여러 개의 서로 다른 이슈타입이지만 같은 워크플로우를 태울 수 있다는 뜻이다.

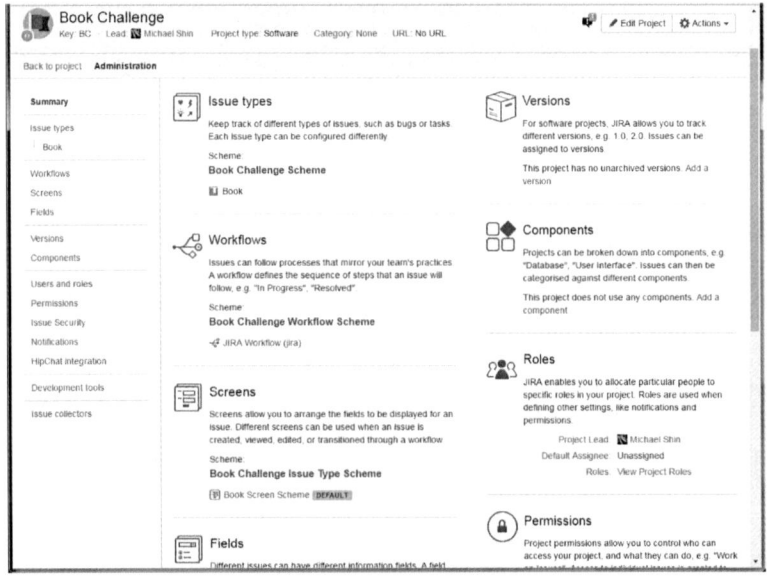

[그림 26] 프로젝트 설정완료

이제 프로젝트 설정을 위한 사전 준비작업들이 모두 끝났으니 실제로 프로젝트에 설정들을 연결해주기만 하면 된다. 프로젝트에는 스킴 단위(이슈 타입 스킴, 워크플로우 스킴, 스크린 스킴, 필드 구성 스킴)의 설정들을 연결하게 된다.

[그림 27] 새로운 이슈 생성화면에서 설정완료 확인

설정 작업이 끝났으면 실제로 의도한 대로 동작하는지 확인해 보아야 한다. JIRA 메인메뉴에서 Create 버튼을 눌러 프로젝트를 선택하고 이슈타입을 선택해보자. 만들었던 커스텀 필드가 스크린 설정에서 지정한 순서대로 나올 것이다. 직접 내용을 입력해보고 부적절하거나 입력순서를 바꾸고 싶으면 스크린 설정에 가서 바꾸면 된다.

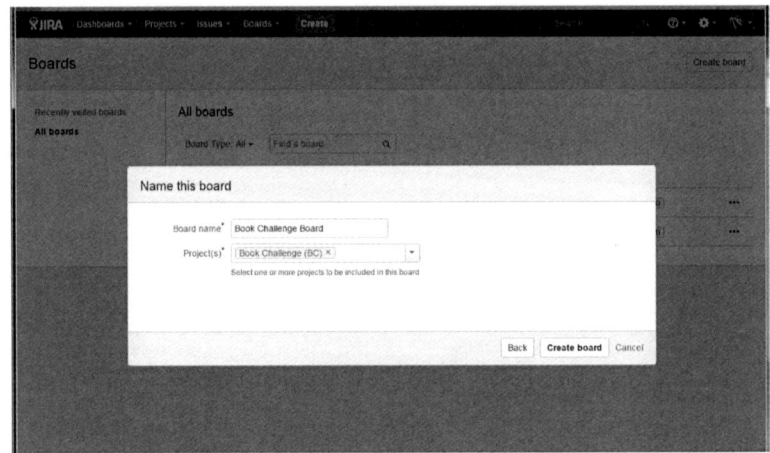

[그림 28] 칸반보드 생성

칸반은 프로젝트와는 별개로 따로 생성해야 한다. JIRA 메인메뉴에서 Boards를 선택해서 새로운 보드를 만들어 주도록 하자.

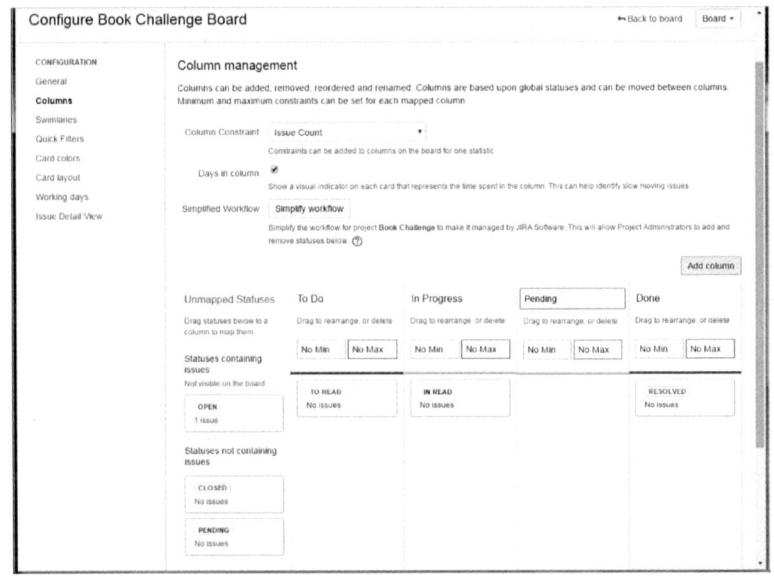

[그림 29] 칸반보드의 열column 설정

보드의 설정화면에서 컬럼column 설정에 들어가 보면 할당되지 않은 워크플로우 상의 상태들이 맨 왼쪽 Unmapped Statuses에 나온다. '2단계 시스템화'의 '변환하라' 단계까지 거친 프로세스를 보면서 컬럼이 필요하면 만들고 워크플로우의 상태를 드래그 앤 드롭으로 칸반의 컬럼과 워크플로우 상태를 연관 지어주면 된다.

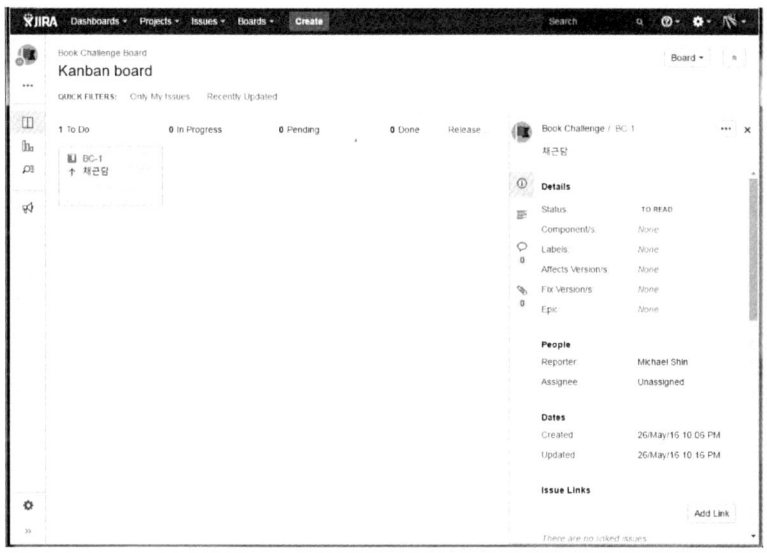

[그림 30] 프로세스가 반영된 칸반보드

칸반 설정까지 마쳤다면 드디어 칸반을 사용할 수 있는 상태가 된다. 당신의 손으로 프로세스를 직접 운영할 시스템을 만들어 냈다! 사용법을 정리해서 매뉴얼로 만들고 사용할 사람들에게 가르쳐 주도록 하자. 생소해 하면서도 쓰는 방법을 실제로 보여주면 예상외로 빨리 적응하는 모습을 볼 수 있으리라 예상한다.

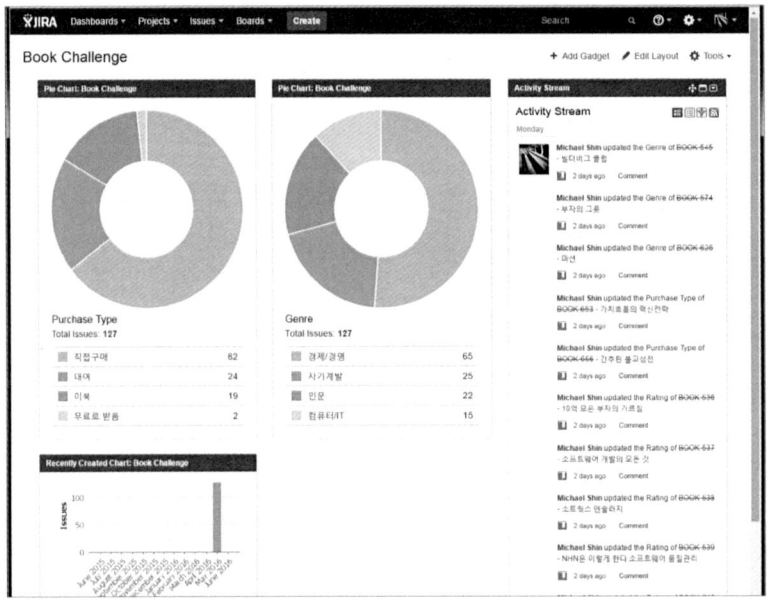

[그림 31] 프로세스상에 흐르는 데이터를 대시보드로 시각화

　칸반을 통해 프로세스를 거친 데이터들이 생기기 시작하면 그 상황을 한눈에 조망할 보고서 같은 화면도 필요하다. '2단계 시스템화'의 '통찰하라' 단계로 가기 위한 관문으로 사용할 대시보드를 만들어 보도록 하자. JIRA 메인메뉴에서 Dashboards를 선택하고 새로 대시보드를 생성하여 가젯들을 선택해서 마음대로 배치해보자. 기본적으로 데이터는 Issues 메뉴에서 만든 필터를 사용하거나 프로젝트를 지정하면 가젯에서 해당하는 차트나 테이블의 형태로 요약하여 보여준다.

　프로세스를 구현하는 이번 단계를 제대로 끝냈다면 아래의 그림과 같이 프로세스를 흐르는 데이터들을 손으로 잡아서 흘려주는 모습이 되어 있을 것이다. 말 그대로 프로세스가 손에 잡히는 느낌이 들어야 한다.

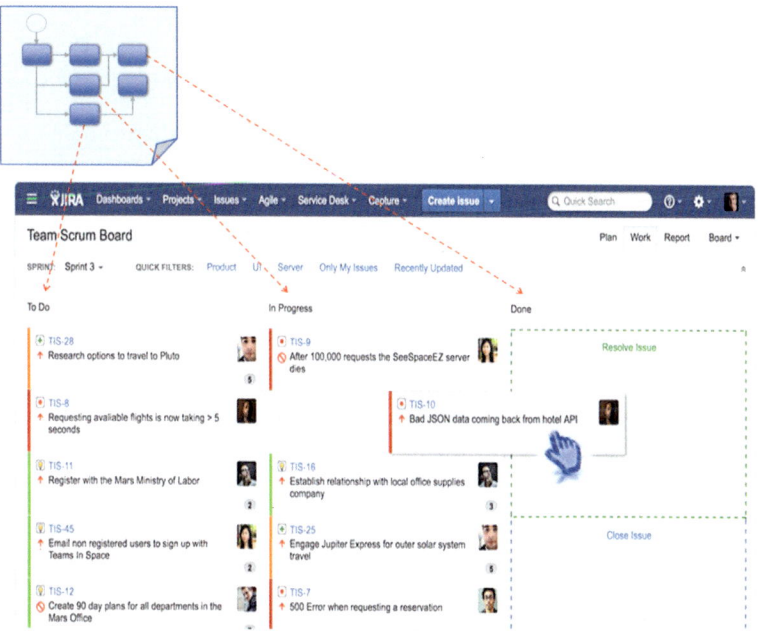

　여기까지 왔다면 이미 JIRA에 익숙해졌을 것이다. 프로세스 구현을 다 했다고 손 털며 끝내지 말고 운영해 가면서 계속 사용자들의 요구 사항도 받고 장애가 생기면 고치기도 해야 한다. 화초를 가꾸듯이 계속 관심을 가지고 키운다는 마음가짐이 필요하다.

　만약 JIRA를 처음 접한 경우라면 배우고 익숙하게 되는데 많은 노력과 시간이 필요하기에 구현이 끝나는 이 수준에 도달하는 데 몇 개월이 걸릴 수도 있다. 실제로 내 경우에도 JIRA를 이해하고 자유자재로 제어할 수 있게 되기까지 3개월 이상 걸렸다. 3개월이 길다면 길고 짧다면 짧은 기간이겠지만 적응하기까지 어느 정도의 시간을 필요로 한다는 사실은 알아야 한다.

　처음 만드는 프로세스는 많은 시간이 걸리는 것이 당연하다. 그러면 두 번째 만드는 프로세스는 구현 기간이 얼마나 걸릴 것 같은가? 1단계 시각화 단계가 끝난 상태라면 구현하는데 아마 2~3일밖에 걸리지 않을 것이다. 어쩌면 그보다 짧을 수도 있다. 이해하고 적용하는 방법을 알기까지가 힘들지 일단 그 수준에 도달하면 매우 빠르고 생산성 높게 사용할 수 있다는 점이 바로 JIRA가 가진 진정한 능력 Potential이다. JIRA를 다루는 능력을 발전시켜서 실천법을 통해 효율화되기를 기다리고 있는 여러 프로세스를 시스템화해 나가는 무기로 활용하기 바란다.

6.3 통찰하라

구현까지 끝난 프로세스가 운영되기 시작하면 데이터가 쌓이기 시작한다. 구현단계에서 대시보드를 만들었을 테니 그 대시보드에서 어느 정도 집계한 보고서 형식의 내용을 확인할 수는 있다. 그렇지만 실제로는 운영해가면서 새롭게 보고 싶은 집계형식이 떠올라 대시보드에 추가하는 경우도 많이 생긴다. 구현하는 시점에서 필요한 모든 집계나 보고형식을 예상하기는 힘든 일이다.

쌓이는 프로세스 데이터에서 무엇을 얻을 수 있을까? 바로 통찰 insight이다. 통찰을 얻어 프로세스를 더 나은 상황으로 개선할 수 있다. 통찰을 얻기 위해서는 집계된 데이터나 보고서 형식으로 바라볼 수 있어야만 한다. 최근에 각광을 받고 있는 데이터 과학자나 데이터 시각화 분야도 데이터에 감춰져 있는 맥락을 찾아내 사람들이 알 수 있는 형태로 보여주는 일을 한다. 보통은 빅데이터나 사물인터넷IoT에 쌓이는 방대한 데이터를 대상으로 하고 있지만, 프로세스 데이터도 똑같이 맥락을 파악하여 사람들이 이해하기 쉬운 형태로 보여주면 사람들은 생각하는 과정을 통해 새로운 아이디어나 통찰을 도출하는 재료로 활용하게 된다. 통찰을 통해 프로세스 자체를 개선하는 피드백으로도 활용하기도 하고, 잘 보이지 않았던 낭비적인 요소를 찾아내거나 잘하고 있는 부분에 대한 칭찬이나 격려의 객관적이고 합의된 근거로써 활용하는 것도 가능하다.

통찰과 관련한 나의 실제 경험은 프로세스 구현 과정에서 소개했었던 개인 독서관리 대시보드에서 얻는 통찰들이다. 가장 중요한 목표는 1년 동안 읽을 책의 총수이다. 이 목표를 달성하기 위해 평균적으로 며칠에 한 권 읽어야 하는지 페이스에 대한 정보가 필요하다. 조금 더 구체적으로 설명하도록 하겠다. 작년(2016년)의 독서 목표는 120권이었다. 1년은 12개월이니 평균 한 달에 10권을 읽어야 하고 일 단위로 보면 3일에 1권꼴로 읽어나가야 했다.

실제로 어떻게 읽어나가고 있는지에 대한 정보도 있어야 목표와 얼마나 차이가 나는지 앞서가고 있는지 뒤처져 있는지 파악할 수 있다. 다음 그림에서 보여주는 사례에서는 독서 페이스가 3.43(일/1권)이다. 나는 이 수치를 보고 목표보다 늦어지고 있으니 더 분발해서 페이스를 높여야 한다는 통찰을 얻는다. 만일 이렇게 관리 하지 않고 12월 31일까지 그냥 열심히 읽자는 마음만 가지고 갔을 경우 120권이라는 목표를 성공적으로 달성할 가능성은 얼마나 될 것인지 상상해보라. 목표 달성 성공 가능성이 거의 0에 가깝지 않을까? 하지만 나는 한권 한 권 읽어 나갈 때마다 기록을 남겼고, 그 기록은 즉시 대시보드의 형태로 바뀌어 내게 통찰을 주었다. 이렇게 과정에서 피드백을 얻고 동기부여도 받아서 목표 달성 가능성이 최소 50%는 넘을 것이라고 자신했으나 2016년이 마무리 되어 결산했을 때 최종 스코어는 무려 117권이었다. 목표달성률은 98%로 대시보드에서 보여주는 목표 달성 페이스가 많은 도움을 주었다.

실제 업무와 관련된 프로세스에서도 독서관리의 사례와 크게 다르지 않다. 대개 여러 명이 협업을 하는 상황일테고 통찰을 얻을 수 있

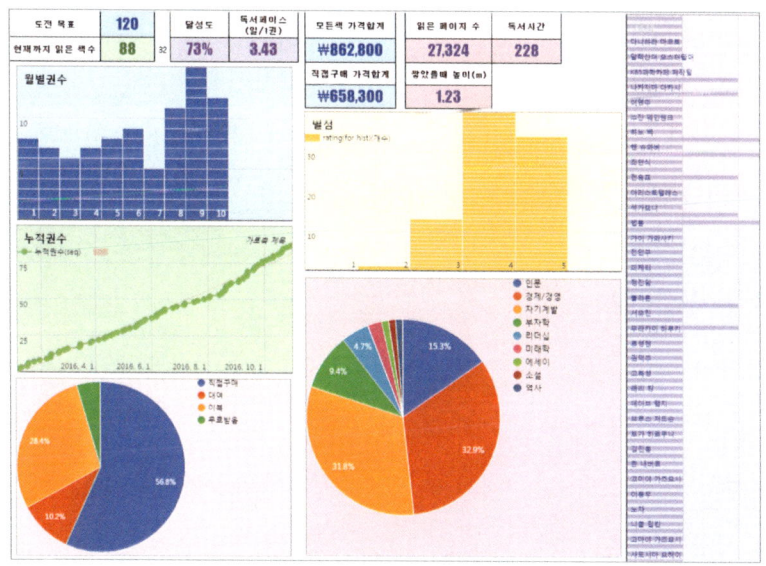

[그림 32] 독서관리 대시보드

는 대시보드를 만들고 꾸준히 관리하면서 거기에 보이는 수치들을 보고 서로 이야기하라. 그리고 이야기를 통해 발견하게 되는 통찰을 통해 개선포인트를 찾고 향상하고자 노력을 한다면 업무를 더 효율적으로 수행하면서도 커뮤니케이션도 분명하고 명쾌하게 할 수 있다.

JIRA의 Visualization 한계 극복방안

JIRA가 제공하는 대시보드 기능만 있으면 프로세스에서 통찰을 얻기에 충분할까? 대답은 '아니오'이다. 턱도 없이 부족하다. JIRA가 기본적인 대시보드 기능과 가젯만을 제공하고 있어서 부족한 부분이 있기는 하지만, 그보다는 사람마다 조직마다 보고자 하는 형태가 너무 많이 다르기 때문이라고 보아야 맞다. 그 어떤 좋은 SW라도 모든 사람, 모든 조직의 요구사항에 100% 맞게 만들어 낼 수 없다. JIRA가 너무 부족하니 포기해야 할까? 그것도 아니다. 극복할 수 있는 방법이 있다.

JIRA에서 아쉬운 점은 대시보드 기능에서 여러 가젯을 제공하기는 하나 값에 대한 합계를 보기가 불가능하다는 데 있다. JIRA에서는 각 아이템에 대한 개수의 합계만 가젯을 통해 확인할 수 있다. 순수 JIRA 기본 가젯에는 없고 플러그인을 사용하면 극복 가능한 문제이기는 하나 그렇다고 해도 정확하게 우리가 원하는 모습은 아닐 가능성이 크다. 조직마다 보고자 하는 리포팅 양식이 다 다르므로 이 다름에 대응하기에는 JIRA에서 제공받는 기능이 부족하다.

예를 들어 재고관리 기능을 JIRA에 구현해 놓은 상태라고 가정해 보자. A라는 제품을 만들기 위한 부품인 B(JIRA에서 이슈타입과 스크린, 커스텀 필드가 구현된 상태이고 구매 수량이라는 커스텀 필드를 가지고 있는 상황, 구매 수량의 합계가 전체 재고 수량이 됨)를 1월 2일에 구매해서 재고를 5에서 10으로 증가시켰다. 1월 3일에도 같은 B 부품을 10개 구매해서 B에 대한 총재고 수량이 20이 되는 경우, 20을 대시보드에 표현하는 방법이 현재는 없다. 합계를 보기 위해서는 raw data를 가지고 별도로 합계를 계산해서 보여주어야 한다.

실제로 내가 겪은 상황에서는 값 합계를 보고 싶은 경우가 매우 많이 있었고, 합계 숫자가 의미가 있고 사람들에게 유의미한 정보가 되는 경우가 많았다. JIRA가 제공하는 기능과 사용자들의 요구사항과의 괴리가 극명하게 발생하는 부분이다. JIRA의 한계라고 인정하고 그 부분은 포기해야 할까? 아니다. 방법은 있다! raw data를 엑셀로 받아서 차트를 그리거나 피벗 테이블을 통해 원하는 숫자를 만들어

내거나, 아예 REST API를 통해 raw data를 외부로 전달해서 외부시스템에서 데이터를 가시화하면 된다. JIRA가 모든 것을 해줄 수 있기를 바라지 말자. raw data를 그대로 준다는 점에 감사하게 생각하고 부족한 부분은 채워가겠다는 자세가 필요하다. raw data를 그대로 주는 SW 자체가 거의 드물기 때문이다. 내가 시도했던 극복 방안에 대해 자세히 살펴보도록 하자. SW 개발이 필요한 부분이라 전문 기술과 용어가 나오는 점은 감안해 주기를 바란다.

초창기에 JIRA를 2년 넘도록 관리자, 사용자로서 사용해 오면서 항상 아쉬웠던 점이 JIRA 안에서만 무엇이든 할 수밖에 없다는 제약이었다. 특히나 대시보드에서 제공하는 차트의 종류가 많이 부족해서 입맛에 맞게 데이터를 보여주지 못하는 것이 너무 아쉬웠다. 그래서 플러그인을 직접 만들어 볼까라는 생각도 했었다. 실제로 Atlassian SDK로 플러그인을 만드는 환경까지는 만들어봤으나 더 나아가지는 못했다. 개발환경이 생소하기도 했거니와 플러그인 형태로는 결국 JIRA 안에 머물 수 밖에 없으므로 JIRA라는 느낌이 전혀 들지 않는 독자적인 Visualization으로 만들고자 했던 욕구를 충족시키지 못했기 때문이다.

실제 당신이 JIRA와 관련하여 경험하게 될 상황도 나와 크게 다르지 않으리라 생각한다. 조직에서는 조직에 맞는 형태로 정보를 가공해서 보여주길 원한다. 국제 표준이나 널리 사용되는 SW를 사용하자고 해봐도 결국에는 조직에 맞추라는 결론만 수용해야 할 경우가 많지 않을까? 나 역시 비슷한 상황을 경험했고 해결방법으로 직접 만들어야 하는 수고로움은 감수하더라도 아예 JIRA를 벗어나기로 작정했다. 나는 이 해결법을 'JIRA 탈출'이라 부른다.

'JIRA 탈출' 방법은 간단하다. JIRA가 제공하는 REST API를 호출하는 별도의 SW를 만들어 JIRA에서 받은 raw data를 입맛에 맞게 가공해서 조직이 원하는 형태(아마도 기존에 사용하던 엑셀양식이겠지만)로 보여주면 된다.

내 경우에는 Visualization만을 별도로 하고 데이터 입력/수정/삭제와 같은 기본 조작은 JIRA를 이용하도록 만들었다. 각 아이템에는 JIRA로 가는 링크를 달아 클릭하면 JIRA 화면으로 바로 넘어가도록 만들어 주니 사람들은 '이중으로 프로그램을 쓰려니 불편하네'라고 하면서도 적응해서 잘 사용했다. Visualization을 담당하는 SW는 Node.js를 기본으로 해서 백엔드를 만들고 Angular.js로 프론트엔드를 만들었다. 원래 대학교 때부터 웹 기술에 관심이 많았었고 취업 후에도 SI에 몸담았던 기간 동안 웹 기반 프로젝트를 많이 경험했던 나였다. 독립하기 직전에 다니던 회사에서는 웹을 쓸 일이 거의 없다시피 하며 3년 넘게 보내다가 다시 웹을 접하게 되었는데 그간 개발 환경이 많이 좋아져 있어서 놀랐다. 특히 Node.js의 생산성과 방대한 생태계는 너무나 매력적이었다. 간단한 코드들만으로도 깔끔하게 동작하는 프로그램을 만들 수 있어 굉장히 효율적이었다.

조금 더 구체적으로 들어가 보면 JIRA 탈출은 3가지 방법이 있다. 첫 번째 방법은 기본적으로는 JIRA의 대시보드를 사용하고 부족한 가젯만 외부에서 따로 만들어서 채워 넣는 방법(iframe 사용)이고, 두 번째 방법은 아예 별도의 사이트 내지는 프로그램을 만들어 독립시키는 방법이다. 세 번째 방법은 최근 각광을 받고 있는 셀프서비스 BI 도구를 활용하는 방법이다. 상황에 따라 다르긴 하겠지만 세 가지 방법 모두 알아두도록 하자. 핵심은 JIRA에서 REST API를 이용해서 데이터를 외부로 뽑아내어 자유롭게 만들면 된다는 점이다. 실제로 어떻게 구현하는지에 대해서 설명하자면 너무 기술적으로 깊은 내용이 되므로 여기서는 다루지 않는다. SW 개발자와 함께 상의해 보거나 주위에 개발 지식을 가진 사람이 전혀 없는 상황이라면 나에게 연락을 주면 가능한 범위에서 최대한 도움을 주도록 하겠다(저자 email 주소 참조).

[그림 33] JIRA 탈출방법

JIRA 탈출을 감행하기로 결심했다면 주의할 점이 있다. REST API는 성능이 그다지 빠른 편은 아니므로 약간의 지연 시간을 감수해야 한다는 것과 직접 만드는 SW의 성능도 잘 나오도록 만들어야만 효과가 있다는 것이다. 내가 만든 SW는 부끄럽게도 if와 for로만 만든 성능은 별로 고려하지 못해서 동작이 느리다. 더하기 계산을 하느라 그렇겠지만 사용자들에게 참고 쓰라고 하는 부분이 미안하게 느껴지기도 한다. 그래도 아무것도 없을 때보다는 낫다며 참고 사용해주는 사용자들에게 감사하게 생각하고 있다. 올해 있었던 Atlassian 유저 컨퍼런스에서도 다른 유저들도 다들 비슷한 생각인지 데이터만 가져다가 별도로 리포팅하는 SW를 따로 만들었다는 사례를 많이 볼 수 있었다.

직접 만드는 SW가 자기 마음대로 좌지우지 할 수 있어서 기분은 매우 좋지만, 유지보수를 계속해줘야 한다는 점을 간과하지 않길 바란다. 많은 개발회사에서 그 회사에서 직접 만든 툴을 사용하는 경우가 있지만 대게 어느 순간에 없어지고 사장되어 버리는 경우가 많다고 들었다. SW는 끝장나게 잘 만들었다고 거기서 끝나지 않는다. 생명이 다할 때까지 충실하게 유지보수 해가면서 계속 이어나가는 것이 더 중요하다. 직접 만들기로 결심했다면 어떻게 계속 이어나갈지에 대한 생각도 가지고 본격적으로 추진하기 바란다.

7. 3단계 체화 – 몸에 익숙하게 하라

이제 당신은 시각화, 시스템화 단계까지 거쳤다. 다음은 실천법의 마지막 단계인 체화 단계이다. 프로세스 중심으로 일하는 방식에 대해 전혀 경험이 없는 조직 구성원에게 새로운 방식을 이해시키고 실제로 프로세스에 따라 업무를 수행하도록 도와야 하는 시점이다. 마지막 체화 단계가 성공하느냐 마느냐에 따라 업무 프로세스 혁신 실천의 성공 여부가 달려있다. 당신의 주도로 시각화, 시스템화까지 성공했더라도 조직 구성원들에게 파고들어 익숙하게 느끼고 편안함을 느끼도록 하는 데 실패한다면 그동안의 모든 노력은 물거품이 된다는 점을 명심하도록 하자. 체화의 목적은 실천법을 통해 조직원 모두가 함께 더 나은 방향으로 가기 위함이다.

7.1 이야기하라

3. 체화  **몸에 익숙하게 하라!**

　한 사람 한 사람이 프로세스를 통한 업무수행에 익숙하게 되었다는 판단이 서면 그다음으로는 사람들이 프로세스에 대해 이야기 하도록 해주어야 한다. 프로세스의 특정 액티비티가 이렇게 바뀌었으면 좋겠다든지 빠진 액티비티가 있다든지, 프로세스 처리속도(리드 타임, 사이클 타임)가 느리다든지 하는 이야기가 사람들에게서 나와야 한다. 이야기하는 것은 체화를 가속화시키고 업무 혁신의 궁극적이 목적인 프로세스 정보의 표출을 통한 커뮤니케이션 효율을 높이는데 지대한 역할을 한다. 프로세스에 대해 많이 이야기하면 할수록 친숙해지게 되고 좀 더 나은 생각들이 도출되는 효과가 발생한다.

　이야기하도록 하기 위한 좋은 방법은 주간 팀 회의에 프로세스 정보를 활용하도록 독려하는 것이다. 규모에 상관없이 조직에서는 큰 팀이든 작은 팀이든 주간 회의를 하고 있다. 주간 회의에 프로세스에서 나오는 정보를 가지고 이야기하게 되면 여러 아이디어가 나오는 현상을 직접 경험할 수 있다. 상황에 대해 참석자들이 공통으로 합의한 기준에 의한 숫자로 오해없이 명확하게 파악 가능하다. KPI와 같은 지표를 사용하는 이유도 거기에 있다.

　같은 현상이라도 사람에 따라 각기 다른 자신의 기준과 경험으로 판단하기 때문에 지표가 필요하게 되는데 프로세스에서 나오는 정보는 기본적으로 정량화된 수치데이터가 많으므로 자연히 지표로써 활용하게 된다. 지표의 숫자가 평소와 다르면 사람들은 그 이유에 대해 궁금해하고 원인을 찾으려고 하게 된다. 사람들은 말로 들은 내용보다는 직접 눈앞에 보이는 것에 영향을 더 크게 받고, 본 다음에 생각하기 시작하는 습성이 있다. 프로세스에서 나오는 지표를 회의 내용으로 던져보라. 회의에 참여한 사람들이 지표에 대해 이야기하는 신기한 경험을 할 수 있다.

각 팀에서 이야기하기 시작하면 여러 가지 요청사항들이 밀려 들어오기 시작한다. 프로세스 업무 방식을 주관하는 당신은 요청 사항에 대하여 빠르고 친절하게 대응해 주어야 한다. 요청자들은 당신의 반응을 유심히 살핀다. 이 시점에는 당신의 태도가 매우 중요하게 작용한다. 친절하게 요청 사항에 대해 대응에 주어야 함은 물론 거기에 더하여 사람들이 당신의 든든한 지원을 받고 있다는 느낌도 같이 보태어 주어야 한다. 요청을 받는 방법도 가능하면 한 가지 채널로 통일하는 것이 좋다. 내가 사용하고 있는 방법은 JIRA의 추가 기능인 service desk를 사용해서 요청창구 역할을 하는 웹페이지를 제공하여 요청하는 분류를 몇 가지로 구분해서 요청하도록 하고 있다. 받은 요청은 실시간 모니터링해서 빠르게 반응하는 service desk를 통해 처리하면 결과가 자동으로 요청자에게 이메일로 통보하게 하는 환경을 만들었다.

요청받는 창구를 하나로 통일하더라도 요청하는 사람들은 여전히 다양한 방식(사내전화, 이메일, 직접 자리에 와서 요청)을 사용한다. 원칙적으로는 다른 방식을 일체 허용하지 않고 한 가지 채널을 반드시 통하도록 해야 하나, 나도 현실에서는 마음이 약해져서 그냥 받아주는 경우가 많다. 반성해야 할 점이라고 생각하고 있지만, 그만큼 사람들의 생각을 바꾸기가 쉽지 않다는 방증이 아닐까? 꾸준하고 지속적으로 가이드를 해나가는 수 밖에는 없다. 익숙해지기까지 많은 시간이 필요함을 이해하고 프로세스 업무 주관자와 사용자가 모두 함께 노력해야만 좋은 결과를 얻을 수 있다.

7.2 표준화하라

시스템화까지 거친 프로세스를 유일무이한 표준 업무 수행 방식으로 만들어야 한다. 하나의 업무라도 수행하는 방법이 여러 가지이면 프로세스 실천법을 적용하기 전의 상황이나 마찬가지이다. 실천법을 적용한 후라면 하나의 프로세스는 하나의 수행방법만 존재해야 한다. 시스템화까지 완료된 프로세스는 이미 해당 프로세스에 대해 관련자들이 모여서 합의한 상태여야 한다. 프로세스에는 사용하는 용어나 참가하는 사람의 역할과 책임, 들어오고 나가는 산출물 등의 내용이 정의되어 있다. 힘들게 만들어낸 프로세스가 제대로 표준으로서 인정받도록 해서 프로세스 참여자들이 유일무이한 방법으로 알고 사용하도록 해야 한다. 표준화를 이뤄내는 방법에 대해서 알아보도록 하자.

프로세스 전담조직이 반드시 있어야 한다

프로세스를 중심으로 업무를 수행하기 위해서는 프로세스 관리에 대한 모든 책임과 권한을 부여받은 전담조직이 반드시 필요하다. 실제로 내가 속해 있던 PI Process Innovation 팀에서는 프로세스에 대한 요구사항 수집, 설계, 구현, 검증도 수행하면서 프로세스를 돌아가게 하는 시스템에 대한 관리까지 모두 담당하고 있다. 프로세스에 대한 관리와 시스템에 대한 관리를 하나의 팀에서 도맡아서 하기는 쉬운 일이 아니다. 나의 경우에 가능했던 이유는 내가 개발자이기 때문에 시스템에 대한 관리에 대한 지식과 실전 경험을 가지고 있는 데다, 프로세스 자체에 대한 관심도 생겨 비즈니스 전문가 코스BA를 몇 달간에 걸쳐 수강하면서 지식을 쌓고 실전에 적용시켜 프로세스를 만들어 내면서 숱한 시행착오를 직접 겪으며 체득한 경험이 있었기에 가능했다고 본다. 한 가지 더하자면 아직 회사의 규모가 작기 때문에 한 팀에서 소화할 수 있는 상황 때문이기도 하다. 조금 더 큰 조직에서의 프로세스 관리에 대한 경험도 쌓아보고 싶은 생각도 있지만 거대한 외압에 눌려 빠르게 실행해보고 실패하면 다른 방식으로 다시 시도해 보고 하는 지금의 방식을 취하기 어렵지 않을까 싶기도 하다. 큰 조직에서는 인프라 전담조직과 프로세스 개선 조직이 분리되어 각자의 업무영역에서 할 일을 하면서 협업하는 방식으로 수행하는 경우가 있다. 큰 조직은 이미 프로세스의 중요성을 알고 있기 때문에 진작부터 프로세스를 잘 운영하고 있다.

전담조직으로 다시 초점을 맞추어 보자. 전담조직이 해야 할 일은 조직 내에서 수행되는 프로세스를 모두 주의 깊게 살피고, 프로세스의 중요도, 긴급도를 파악하여 어떤 우선순위로 실제화를 시킬지에 대한 계획을 세우고 실행하는 일이다. 만약 전담조직이 없다면 이런 관점으로 프로세스를 바라보는 사람은 CEO, COO 같은 최고 레벨의 경영자밖에 남지 않는다. 그러나 높은 분들은 프로세스 말고도 처리해야 중요한 일(ex. 경영/운영 의사결정)이 많이 있다. 프로세스를 구현하고 관리하는 세부 업무를 수행하기에는 시간도 부족하거니와 프로세스에 대한 전문성도 가지고 있기 힘들고 전문성을 갖기를 기대해서도 안 된다. 이런 분들은 그저 전체적인 맥락에서 프로세스가 잘 운영되는지에 대한 느낌을 전담조직에 피드백하는 정도의 참여만을 유도하도록 하자.

이상적인 전담조직이 업무를 수행하는 모습은 지금의 내가 그렇게 하는 것과 같이 프로세스에 대한 구현을 직접 수행하고, 프로세스 시스템 자체도 관리하는 능력을 보유하고 있는 모습이 아닐까 한다. 같은 팀에서 구현과 시스템 능력을 동시에 보유하고 있어야 가장 빠르고 효율적으로 프로세스를 만들어 낼 수 있고 관리할 수 있다. 인프라팀과 프로세스 관리팀으로 별도로 나뉘면 필연적으로 팀을 넘어서기 위한 요청을 주고받는 의사소통이 필요하게 되고 거기에서 병목현상이 발생하는 문제를 피하기 힘들다. 하지만 인프라팀이 가진 전문 영역과 프로세스 관리팀에서 가진 전문 영역이 현저하게 차이가 나는 것 또한 사실이므로, 전체적인 프로세스 관리에 더 중심을 두고 싶다면 통합팀으로 전담조직을 구성하거나, 각자의 전문 영역에서의 성장을 더 크게 생각한다면 다소 의사소통의 병목현상을 감수하더라도 별도 팀으로 두고 각 사안에 대해서만 태스크포스를 만드는 방식도 좋다고 본다. 무엇을 중요하게 볼지에 대해 조직원들과의 의견교환을 통해 합의점을 찾고 그 결과에 따라 조직을 구성하면 된다.

CxO 레벨의 전폭적인 스폰서십이 필요하다

프로세스 표준화에는 CEO, COO 같은 CxO 레벨의 최고 관리자 레벨에서 프로세스 전담조직에 힘을 실어줄 필요가 있다. 프로세스를 구현하는 과정에서 실무를 하다 보면 하나의 프로세스가 여러 팀을 거쳐 가며 진행되기 때문에 긴밀한 업무 협조가 이루어져야만 구현에 성공한다는 사실을 몸으로 느낄 수 있었다. 당신도 여러 팀이 모여 협업하는 것이 얼마나 힘든 일인지 짐작하리라 생각한다.

　태생적으로 프로세스 전담조직은 여러 팀과 사람들을 하나의 방향으로 이끌어야 하는 상황에 항상 처해있다. 팀 간 파워 싸움에 휘말리기도 하고 어느 팀도 책임지는 것을 꺼려 적극적으로 나서 주지 않기도 한다. 바로 이때가 CxO 레벨에서 프로세스 전담조직에 힘을 실어주어야 하는 시기이다. CxO 레벨의 관리자는 문제 상황을 정확하게 파악하여 각 팀 간 업무 조율을 통해 교통정리를 직접 해 주거나, 상황이 여의치 않다면 프로세스 전담조직에 조율 권한을 완전하게 위임해서 프로세스 전담조직에서 내린 결정을 무조건 따르도록 하는 힘을 실어주어야 전담조직이 프로세스를 성공적으로 이끌어 나갈 수 있다. 전담조직에서도 믿고 힘을 실어주는 CxO 레벨 관리자의 고마움을 잊지 않고 기대에 부응하기 위해 최선을 다해야 한다.

7.3 문화로 만들어라

3. 체화 봄에 익숙하게 하라!

드디어 실천법의 마지막 단계까지 왔다. 마지막 과정은 앞서 있었던 시각화, 시스템화 단계를 거치는 방법을 문화로 조직에 정착시키는 일이다. 문화가 된다 함은 너무나 당연해서 없는 상황을 상상하기가 힘들 정도로 만든다는 의미이다. 또한, 그 누구도 예외가 될 수 없음을 이해하고 따르는 수준에 다다르게 됨을 의미한다. 전혀 문화가 없던 상황에서 어떻게 문화로 만들어 가는지에 대한 이야기를 해보고자 한다.

어느 조직에서나 프로세스가 필요하다. 프로세스에 대해 특히 더 중요시하는 조직은 대기업들이다. 대기업은 많은 사람이 모여 매우 큰 규모의 일들을 하고 있다. 사람들이 특정한 공통의 목적을 달성하기 위해 함께 협업해야 하는 상황, 이 때가 바로 프로세스가 절실하게 필요해지는 시점이다. 일찍부터 대기업들은 많은 사람을 효과적으로 조직해서 일정 수준 이상의 결과를 내기 위해서는 반드시 프로세스가 필요하다는 사실을 깨닫고 많은 노력을 해 왔다. 그 결과는 ERP나 BPM 같은 프로세스 시스템 그 자체에 녹아 있기도 하고, 사람들에게 배부되는 교육 자료나 업무 매뉴얼 같은 문서의 형태로 표현되기도 한다. 당연히 프로세스만을 전담하는 팀도 존재한다. 거꾸로 생각해 보면 프로세스를 표준화하지 않으면 많은 사람이 의사소통에 문제를 겪어 일을 제대로 진행하기 어렵다는 의미가 된다. 의사소통 채널이 늘어나면 늘어날수록 복잡도는 증가하고 커진 복잡도만큼 정보의

혼선, 잡음이 많이 발생하기 때문에 이 문제를 극복하고자 적극적으로 사용할 수밖에 없는 것이 프로세스인 것이다.

프로세스에 조직에서 발생하는 모든 노하우, 엑기스를 집약시켜야 한다. 노하우, 엑기스는 군더더기가 없는 가장 효율적이고 확실한 방법에 대한 정보라고 생각하고 프로세스에 녹여야 한다. 노하우, 엑기스를 가지고 있는 사람은 주위 사람들의 쇄도하는 문의, 교육요청들로 자기 일을 제대로 진행하기도 어려운 지경에 이른다. 하지만 조금 공을 들어서 프로세스에 자기의 지식을 녹여 잘 정리해 놓으면 자신의 몸이 편해진다. 사람이 아닌 프로세스 시스템을 통해 다른 사람들이 원하는 정보를 가져갈 수 있고 높은 수준의 생산성을 낼 수 있게 된다.

공식적인 의사소통 방법의 유일한 채널을 프로세스로 지정하여 여러 다른 채널에 분산되어 버리는 정보 유실을 방지하는 노력을 기울여야 한다. 최대한 노력하여 의사소통의 모든 내용을 프로세스 시스템으로 집약시킨다는 각오로 임해야 한다. 의사소통 채널이 다변화되면 노하우나 엑기스가 새어나가게 된다. 정보는 한곳에 모아두어야 가장 좋다. 많은 정보를 모아만 두는 것으로 끝내면 안 되고 사람들이 의미 있는 통찰을 발견할 수 있도록 정보를 정제해 해놓은 리포트를 보여주고, 간단한 검색만으로도 원하는 정보를 즉시 보여줄 수 있는 시스템으로 만들어 둘 필요가 있다. 이런 상황을 만들면 의미 있는 정보가 쌓이기 시작하고 선순환 사이클이 시작된다.

지금도 그러하지만, 앞으로는 더욱더 프로세스 자체가 경쟁력이 된다. 조직이 얼마나 훌륭한 프로세스, 프로세스 시스템을 가지고 있느

냐가 경쟁력 그 자체가 되는 상황으로 갈 것이다. 쌓아놓은 프로세스 자체도 이미 훌륭한 데다 프로세스 시스템도 유연하고 사람들의 생각도 유연해서 새로운 목표에 도전하기 쉬운 분위기 조성에 성공한 조직은 본업에서 하는 활동에서도 경쟁력 있고 계속 발전하는 조직으로 승승장구하리라 확신한다.

프로세스로 업무를 처리하는 문화가 없는 상태에서 문화로 만드는 과정

먼저 당신과 당신의 팀원 외의 사람들은 프로세스 기반 업무 방식을 전혀 모르는 상황이라고 가정한다. 당신은 시스템화까지 끝낸 프로세스를 무기로 다른 조직원에게 새로운 방식을 침투시켜 적응시켜야 하는 임무를 수행해야 한다.

조직 구성원들을 새로운 방식에 적응하도록 하기 위해서는 전략적인 행동이 필요하다. 우선 지식을 전달하고, 그 다음 직접 실습을 통해 경험을 쌓게 하고, 프로세스를 사용하는 효익에 대해 스스로 느끼는 시점까지 함께 달려 주어야 한다. 거기까지만 도달한다면 구성원들은 이후에는 하지 말라고 해도 알아서 사용할 것이다.

자전거 타기를 예로 들어보도록 한다. 8살 무렵 나는 자전거를 너무나 타고 싶었다. 함께 기거하던 외사촌 형에게 자전거 타는 법을 알려달라고 부탁했다. 어머니가 요구르트 배달을 할 때 타시던 오렌지색 프레임의 자전거를 같이 타고 집 근처 고등학교 운동장에 갔다. 사촌 형이 뒤에서 잡아주고 나는 안장에 앉아서 페달을 굴렸다. 무서워서 "놓지 마, 놓지 마"를 연발하면서도 페달을 굴리면 앞으로 나가는 자전거의 균형을 잡으려고 애썼다. 그렇게 연습을 거듭하다가 드디어

나도 모르는 사이에 형이 손을 놓았음에도 혼자 나가는 순간이 왔다. 아마 자전거를 가르치는 사람은 자신도 같은 방식으로 배웠기 때문에 몰래 놓는 것이 아닐까? 훗날 나도 나의 딸에게 자전거를 직접 가르친다면 똑같이 할 것 같다. 생각해보면 보조 바퀴가 달린 작은 사이즈의 아동용 자전거로 시작해도 되었을 텐데 그 당시 우리 집은 형편이 그리 넉넉한 편이 아니어서 내 자전거를 사달라고 할 상황은 아니었다. 참 많이 넘어져서 다쳤음에도 자전거라는 새로운 세계가 열리는 느낌이 들었다. 다른 조직 구성원들에게 새로운 업무 방식을 가르쳐야 하는 당신도 자전거를 가르쳐야 하는 사람의 입장이라고 생각하자.

지식을 전달하는 방법부터 알아보자. MS워드로 매뉴얼을 작성해서 이메일로 전체 공지하면 지식 전달이 끝날까? 나도 처음에는 그렇게 잘못 생각했었다. '지식인들이니 문서만 상세하게 작성해주면 읽고서 잘 따라서 하겠지'라고 생각했다가는 큰일이 난다. 입장을 바꿔서 생각해야 한다. 당신이 다른 팀에서 '이제부터 업무방식이 이렇게 바뀌었으니 매뉴얼 보고 따라서 하세요'라는 메일을 받았다고 생각해보라. 매뉴얼을 읽어보니 너무 생소해서 어떻게 하라는 건지 이해도 잘 안 되고 짜증만 날 것이다.

내가 했던 경험을 공유한다. 먼저 매뉴얼은 웹으로 접속 가능한 전사 위키사이트(Atlassian Confluence 사용)에 작성했다. 위키가 아니더라도 웹으로 사용 가능한 지식공유시스템이면 어느 것을 사용하더라도 무방할 것이다. 웹을 사용해야 이유는 사용자들은 읽기 쉽고 작성자는 배포가 쉽기 때문이다. 웹은 항상 최신 상태로 유지할 수 있고 접속

주소(링크)만 바뀌지 않으면 따로 배포할 필요도 없다. 만약 MS워드로 매뉴얼을 작성했다면 사용방법 변경으로 나중에 내용이 바뀌면 다시 공지하여 배포해야 한다. 이 과정을 몇 번 반복하면 공지를 받은 사람들은 최신 내용이 무엇인지 알기 위해서 많은 노력을 해야만 한다.

매뉴얼 내용은 튜토리얼 형식이 좋다. 서술형으로 설명하기보다는 많은 스크린 샷에 말풍선으로 사용법을 설명하는 것이 효과가 좋다.

사용법에 대해 설명하는 경우 가장 효과가 좋은 방법은 동영상을 활용하는 것이다. 최근에는 구글 검색을 해보면 동영상으로 설명하는 자료들을 많이 접할 수 있다. 문서 열 번 읽는 것보다 동영상 한 번 보는 것이 더 이해가 빠르지 않은가? 실제로 나도 요즘에는 새로운 서비스를 공지하고 교육해야 할 때 문서도 작성하지만, 동영상으로 만드는 경우가 많아졌다. SnagIt이라는 유틸리티로 동영상을 간편하게 만들고 사내 동영상 스트리밍 서버인 red5 서버(사내에서는 YouTube, vimeo 업로드 불가능)에 파일을 업로드한 후 동영상 링크를 공지 메일에 첨부하여 알린다. 메일을 받은 사람은 링크만 누르면 웹 브라우저에서 동영상이 재생되어 바로 확인할 수 있다. 경험으로 봤을 때 동영상으로 공지했을 때 차후에 사용법에 대해 사람들이 물어오는 경우가 가장 적었다. 그만큼 효과적인 방법이라는 증거라고 생각한다. 교육 자료는 특히 반드시 웹을 사용해야 함을 한 번 더 강조하고 싶다.

당신이 주관하는 설명회도 필요하다. 매뉴얼 작성 후 바뀌는 업무 수행법에 대해 그 배경과 효과를 설명하여야 한다. 설명회를 할 때는 사용법에 대해 직접 데모하는 것을 추천한다. 그 자리에서 피드백이 오가기 때문에 새로운 방식을 두고 서로를 이해하는 데 매우 효과적이다. 설명회에서 사람들이 잘 이해하는 것 같아도 안심하면 안 된다. 막상 자기 자리에서 본인이 직접 해보아야 할 때에는 어려워할 수도 있기 때문이다. 피아노 동영상을 보는 것과 직접 치는 것의 경우를 다시 한 번 상기하도록 하자.

지식을 전달했다면 다음은 실습 차례이다. 사용자들 곁에서 어떻게 사용하는지 알려주고 질문하면 대답도 해주는 성의를 보여야 한다. 처음 사용하기에 모르는 내용이 많기도 할 것이다. 어려움이 있겠지만, 적응시켜야만 체화가 되니 참고 견디어 나가야 할 시기이다. 실습을 통해 하나둘씩 실제로 업무 프로세스를 흘러가는 사례나 데이터들이 쌓이기 시작한다.

실습 시기에는 변화에 적극적으로 적응하려 하는 사람, 소극적으로 시키니까 하는 사람, 별생각이 없이 예전 방식 그대로 하는 사람 등 여러 유형의 사람들을 접하게 된다. 이때는 '3의 법칙'을 떠올리며 지원군을 확보하면 파급시키는 데 도움을 받을 수 있다.

'3의 법칙'에 대해 잠깐 설명하도록 한다. 핵심은 새롭고 말도 안 되는 행동이라도 3명만 따르도록 하면 그 3명을 보고 나머지 군중이 따라 움직이게 된다는 원리이다. 웹에서 검색해보면 몇 가지 실험 동영상이 나온다. 횡단보도 한가운데서 허공을 가리키는 사람이 1명일 때는 지나가는 사람이 신경도 쓰지 않는데 2명이 되어도 달라지지 않다가 3명이 되니까 지나던 사람들이 관심을 가지고 가리키는 방향을 쳐다보는 내용이다. 또 다른 사례는 매우 감동적이기까지 하다. 지하철이 들어오는 순간 한 승객이 플랫폼과 지하철 사이에 끼어버리는 사고가 발생했는데 사람들이 전동차를 손으로 함께 밀어서 사이에 낀 사람을 구조하는 장면이다. 당시 목격자는 인터뷰에서 누군가가 밀자고 했는데 처음에는 아무 반응이 없다가 1명, 2명까지는 아무도 움직이지 않고 보기만 하던 사람들이 마침내 3명째가 손을 대고 밀기 시작하니 나머지 사람들도 달라붙어 밀더라고 말했다. 몇십 톤이나 되는 전동차가 사람의 힘만으로 움직이는 기적과 같은 일이 생기기도 한다.[12]

모든 사람이 따르도록 하려면 딱 3명만 포섭하면 된다. '3의 법칙'과 관련하여 나도 소스코드관리시스템 전환 과정에서 직접 경험하기도 했다. MS의 TFS라는 ALM 솔루션을 소스코드관리용도로 사용하고 있었는데 관리하기도 어렵고 라이선스 문제도 있고 해서 Git로 전환해야 하는 상황이었다. Git 사용에 적극적이었던 3개의 프로젝트에 적용하니 나머지 사람들도 따라오기 시작했다. 아직 완전하게 전환하지는 못했으나, 신규 프로젝트는 Git 기반으로 관리한다는 규칙을 당연하게 생각하는 수준으로 발전했다.

실습까지 시켜 사람들이 프로세스를 실제 사용하도록 한 다음에는 효익을 체감시켜서 완전하게 적응하는 단계로 가야 한다. 프로세스에서 쌓인 데이터들을 다양한 방식으로 보여주어('2단계 시스템화'에서 다루었음) 통찰을 같이 도출해보고 통찰을 바탕으로 해서 새로운 변화를 시도해 보는 단계이다.

효익을 체감하는 예시를 들어본다면, 보고서를 따로 작성하지 않아도 되는 기적과도 같은 결과가 생긴다는 청사진이 아닐까 싶다. 대

---

12 3의 법칙: http://www.youtube.com/watch?v=tMoEmq4g6a8

시보드만 잘 만들어 두고 하나하나 프로세스 데이터만 잘 관리하면 따로 작성해야 하는 프로젝트 진척보고, 일일 업무보고, 주간 업무보고서 작성이 필요 없게 된다. 보고는 실시하되 보고서는 따로 작성할 필요가 없는 상태가 된다.

또한, 커뮤니케이션이 명확해지고 효율적이 되는 효익도 기대할 수 있다. 내가 속했던 팀에서는 사내에서 개발하는 제품에 대해 테스트를 수행하는데 우리는 테스트 보고서를 쓰지 않고 JIRA에 대시보드로 만들었다. 테스트 대시보드는 내 자리에 별도로 마련한 모니터링 PC의 화면에 띄워놓는다. 테스트 상황이 실시간으로 반영되어 테스트 진행 상황, 불량률, 버그 수정 비율 같은 수치를 눈길만 주면 확인할 수 있다. 가끔 수치를 보고 테스트 담당 팀원과 함께 간간이 이야기하는 것으로 테스트 관리가 문제없이 잘 된다. 이런 식으로 효익을 프로세스를 받아들이는 조직원들이 직접 느낄 수 있도록 해주어야 한다.

프로세스를 그대로 방치하지 마라(바뀌지 않으면 죽은 것이다)

체화까지 성공한 프로세스는 그냥 가만히 놔두어도 언제까지나 제대로 동작하고 사람들이 계속 잘 사용할까? 아니다. 피터 드러커는 "지식은 개선되어야 하며 도전받아야 하고 끊임없이 증가하여야 한다. 그렇지 않으면 지식은 소멸한다."라고 말했다. 상황은 계속 변하고 사람의 생각, 환경 모두 바뀐다. 이 요소들은 프로세스에 직간접적인 영향을 미치는 것들로 그 영향을 받는 프로세스 자체도 따라서 변화해야 할 필요가 있다. 프로세스 주관자는 프로세스를 바꿔야 할 때라는 신호를 적극적으로 감지해서 프로세스가 더 오래 지속되면서 유용하게 쓰이도록 노력해야 한다.

그렇다면 프로세스가 죽어가는 신호는 무엇일까? 가장 먼저 생각해 볼 수 있는 징후는 사용자들로부터 아무런 개선 요청이 없이 6개월 이상 지나는 경우가 아닐까 한다. 기간이야 3개월일 수도 있고 6개월, 9개월이 될 수도 있으나 중요한 점은 일정 기간 경과했는데도 사용자들로부터 이런저런 피드백이 없는 상황이 발생했음이고 이는 프로세스가 잘 사용되지 않는다는 방증이 된다. 프로세스를 타고 흐르는 데이터가 생성되지 않는 현상도 신호로 볼 수 있다. 프로세스 데이터가 생성되는 추이를 정기적으로 모니터링해야 한다.

죽어가는 신호를 보내는 프로세스를 발견했다면 어떻게 조치해야 할 것인가? 나는 4가지의 조치 전략으로 구분하여 대응하고 있다. 일부 개선, 현상유지, 퇴출, 근본적 혁신(파괴 후 재창조)이 그것인데 보통의 경우 일부 개선, 현상유지를 가장 많이 선택하고 있고, 퇴출, 근본적 혁신은 매우 드물게 선택하고 있다. 프로세스를 만들고 체화시키는 실천법의 과정은 많은 시간과 에너지를 소모하는 작업을 수반하기에 기껏 만들어 놓은 프로세스를 없애버린다는 결정은 매우 어려운 일이다. 아까운 생각이 많이 드는 것이 인지상정이다. 조치 전략을 결정할 때는 사용자나 주관자 모두에게 더 나은 방향이 무엇인지에 대해 고민해서 판단해야 한다. 판단이 쉽진 않겠지만, 이 기준을 가지고 생각하면 반드시 방향이 보이리라 확신한다.

프로세스의 생명이 일시적이라는 사실과 흐름을 부지런히 따라가야만 살아남을 수 있음을 잊지 말아야 한다. 아무리 좋은 제품, 잘나가는 회사라 하더라도 흐름에 적응하지 못하면 단기간에도 나가떨어지는 사례가 너무나도 많다. 굳이 이야기하자면 핀란드 노키아의 예를 들 수 있겠다. 노키아는 2000년대 초반 아직 애플에서 아이폰이 발표되기 이전에 전 세계적으로 휴대전화 점유율 1위를 차지했던 글로벌 회사였다. 2007년 1월 아이폰이 등장하면서 휴대전화시장에는 스마트폰 바람이 불기 시작했고 구글에서 안드로이드가 등장하여 2강 구도가 되면서 사람들은 노키아가 휩쓸던 피처폰2G을 버리고 스마트폰을 선택하기 시작했다. 뒤늦게 심비안이라는 자체 스마트폰 플랫폼을 만들었지만 이미 주류가 된 iOS와 안드로이드의 경쟁 상대가 되지 못하는 상황이 되었고, 마찬가지로 흐름을 잘 타지 못했던 마이크로소프트의 Windows Mobile 진영으로 붙었다가 결국에는 휴대전화 사업을 마이크로소프트에 넘기는 것으로 사업을 정리했다. 나도 그렇게나 빨리 그 큰 노키아라는 회사가 몰락해가는 과정을 보면서 흐름을 제대로 따라가는 것의 중요성에 대해 많은 교훈을 얻었다.

다시 한 번 강조한다. 프로세스의 생명은 모든 생명체가 그러하듯 일시적이다. 언제까지나 살아남는 완벽한 프로세스는 만들 수 없다. 다만 그 시점, 그 수준에서 최선을 다해 만들어 낸 프로세스일 뿐이므로, 항상 흐름을 거스르지 말고 잘 올라타려고 하는 노력이 필요하다.

작은 승리와 성공의 법칙을 전략적으로 활용하자

아직 시작도 하지 않은 상황에서는 프로세스 실천법을 문화로 정착시키는 활동이 너무 크고 거대한 산같이 느껴질 수도 있다. 우리의 목표는 그 산을 정복하는 일이다. 한 번에 사전 준비도 없이 높은 산을 정복할 수 있을까? 그럴 수 없다.

에베레스트를 올라가려고 해도 다음의 과정을 거쳐야만 오를 수 있다. 먼저 에베레스트 등정이라는 큰 목표를 정한다. 그다음에는 주위에서 쉽게 올라갈 수 있는 산부터 올라가 본다. 전문 산악인에게 트레이닝도 받아야 할 부분도 있다. 빙벽을 오르는 기술은 특별한 교육을 필요로 하기 때문이다. 그런 다음에는 3,000m급 산에 올라가 보고 그다음에는 각 대륙에서 유명한 6~7,000m급 산에 도전하면서 등정 기술을 연마하고 같이 등정할 멤버도 모아 팀을 구성해야 한다. 충분히 준비를 했고 오르기 적당한 때가 되면 드디어 에베레스트에 등정에 도전해 볼 수 있다. 그것도 처음에 성공하면 정말 운이 좋은 경우이고 몇 번의 도전을 더 해야만 등정에 성공할지는 모를 일이다.

예를 조금 장황하게 들기는 했지만 이른바 '작은 성공'만이 큰 성공으로 이끄는 방법이라는 이야기를 하고 싶었다. 이는 조직 이론의 거장인 칼 와익Karl Weick 미국 미시간대 교수가 주창한 '작은 승리 전략'이라는 개념으로 설명하고 있다.

"어떤 문제를 극복 불가능한 것으로 인식할수록 인간의 무력감과 불안감은 가중된다. 결국, 해당 문제에 압도당해 아무 일도 해보지 못한 채 파국을 맞기도 한다. 하지만 문제를 잘게 쪼개 작은 문제부터 해결하면 인간은 상당한 성취감과 안정감을 느낀다. 이를 바탕으로 더 큰 문제를 해결할 수 있는 자신감과 도전 의지도 생긴다."[13]

---

13 http://www.dongabiz.com/Business/General/article_content.php?atno=1303022801&chap_no=1

프로세스 실천법을 문화로 만드는 과정에 이 개념을 적용해 보기를 권한다. 먼저 프로세스 하나를 정하여 시각화, 시스템화, 체화 단계까지 진행해서 성공사례를 만들고 난 후, 또 다른 프로세스에 대해 실천법을 적용해서 2~3번째 사례까지 확보하도록 하자. 그렇게 되면 자연스럽게 프로세스 실천법을 접해보지 못한 사람들도 관심을 가지고 본인들의 업무도 개선해보자고 먼저 다가오는 일이 생기게 된다. 다시 말하지만 모든 프로세스에 일제히 실천법을 적용하지 말고 우선 하나부터 성공시키고 조금씩 확산시켜 나가는 전략을 사용해야 한다. 너무 크고 급격한 변화는 사람들을 위축시키고 마음을 닫게 한다. 크지 않은 변화에도 사람들은 변화를 거부하고 하던 대로 하고 싶어하는 현상유지편향Status Quo Bias을 가지고 있다. 이런 심리를 깨는 열쇠는 변화가 자기 자신에게 분명한 이득이 있으리라는 확신이다. 목표는 크게 세우고 행동은 작은 걸음걸이로 꾸준히 지속하는 것만이 내가 아는 성공하는 비결이다.

PART 3

배웠으면
실천하라

2부에서는 실천법의 전체적인 흐름 위주로 설명하였기에 실천법에 사용되는 프로세스 표기법 표준인 BPMN과 시스템화의 도구로 사용하는 Atlassian JIRA에 대해 자세한 내용까지는 다루기가 어려웠다. 3부에서는 BPMN과 JIRA에 대한 일반적인 내용을 다루고 실천법을 적용한 실천사례를 토대로 실제로 적용할 때 발생하는 문제들과 해결 방법에 대해 살펴본다.

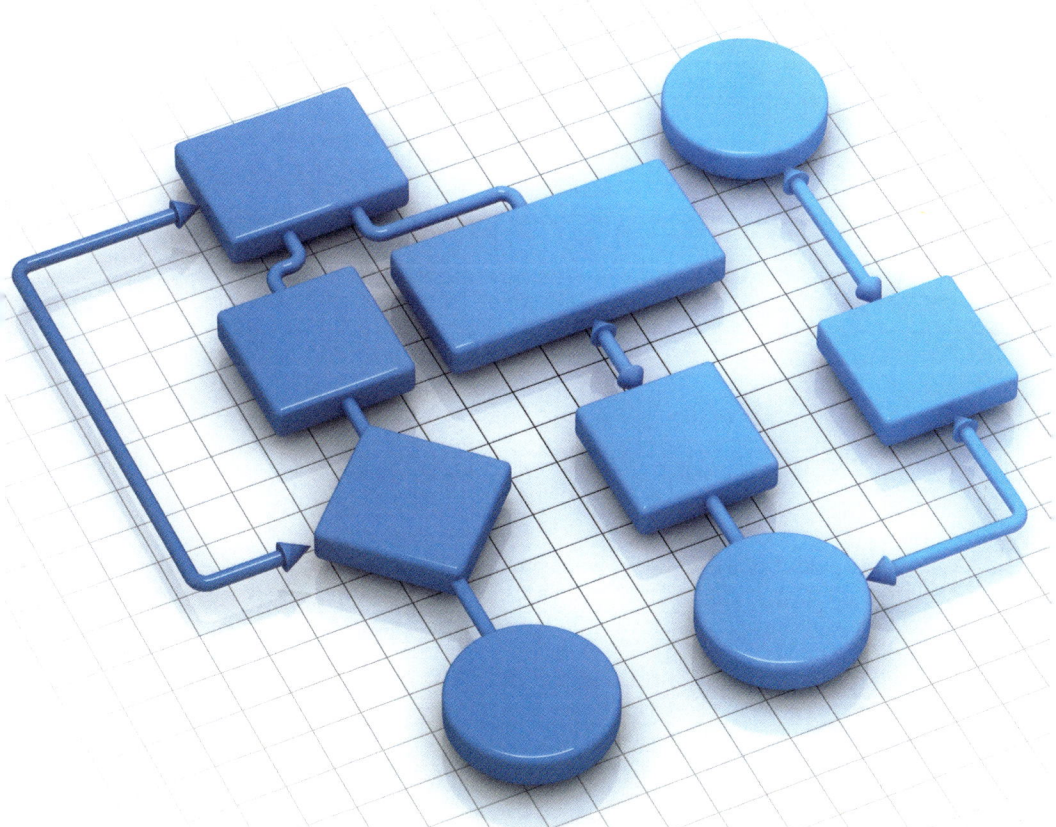

8. 도구를 자기 것으로 만들어라

8.1 프로세스 표기법 표준 BPMN

BPMN이 등장하기까지의 과정

1장에서 살펴봤었던 실천법 3단계 과정을 다시 떠올려 보자. 1단계는 시각화였다. 프로세스화를 하기 위해서는 먼저 사람들의 머릿속에만 담겨있는 업무 프로세스를 어떤 형태로든 기호화해서 눈에 보이는 형태로 표출시켜야 한다. 사람들은 순서가 있는 일련의 일들을 표현하기 위해 다양한 방법을 사용해 왔다. 프로세스 표기법은 순서도 → 액티비티 다이어그램 → BPMN 순으로 발전해왔다고 본다. 프로세스 표기법의 역사를 따라가 보도록 하자.

- 순서도flowchart

아마도 당신은 순서도를 이미 어디에선가 본 적이 있을 것이다. 컴퓨터가 등장하기도 전인 1921년부터 사용되기 시작했다는 이야기가 있을 정도로 오래전부터 사용되었던 표기법이다. 최근까지도 나는 순서도는 국제표준이 없는 줄 알고 있었는데 아니었다. ISO5807이라는 번호로 1985년에 표준으로 등록되어 있었다.[14]

---

14 ISO 5807:1985 Information processing -- Documentation symbols and conventions for data, program and system flowcharts, program network charts and system resources charts

순서도는 순차적인 논리를 표현하기에 적합하다. 사용하는 도형의 가짓수도 5개 정도로 적고(확장까지 포함하면 도형의 가짓수는 늘어난다) 도형들을 화살표로 연결하는 간단한 방식으로 표현하기 때문에 처음 보는 사람이라도 이해하는 것이 그리 어려운 일은 아니다. 아래의 작성 사례를 보자.

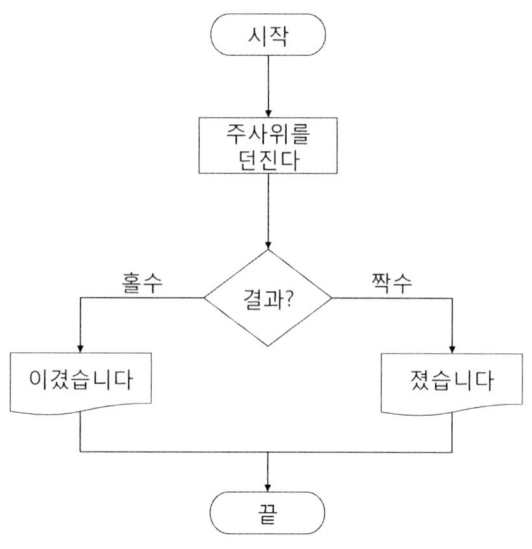

[그림 34] 순서도의 작성사례

작성 사례에서는 주사위를 던져서 홀수가 나오면 '이겼습니다'라는 결과를 어디엔가 출력하고 짝수가 나오면 '졌습니다'라는 결과를 출력하는 아주 간단한 내용을 표현하고 있다. 이렇게 말로 설명할 필요도 없이 눈으로 보면 이해가 된다.

순서도는 아래의 규칙을 가지고 논리적인 흐름을 표현한다.

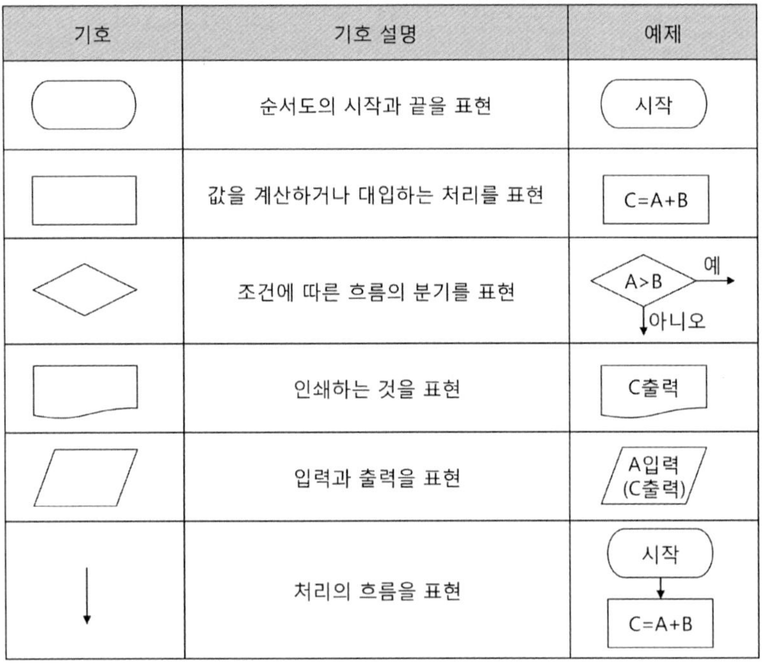

기호	기호 설명	예제
⬭	순서도의 시작과 끝을 표현	시작
▭	값을 계산하거나 대입하는 처리를 표현	C=A+B
◇	조건에 따른 흐름의 분기를 표현	A>B 예 / 아니오
▱	인쇄하는 것을 표현	C출력
▱	입력과 출력을 표현	A입력 (C출력)
↓	처리의 흐름을 표현	시작 / C=A+B

[그림 35] 순서도에 사용되는 표현 규칙

나의 경우 순서도를 접한 시기는 초등학교 3학년 때(1988년)였다. 넉넉지 않은 형편이었음에도 부모님을 무리하게 졸라서 컴퓨터 학원에 다니게 되었다. 학원에서 대우전자에서 만든 IQ2000이라는 8비트 컴퓨터로 프로그래밍을 배우기도 하고 주말에는 롬 팩을 받아 본체에 꽂아서 게임을 하기도 했던 기억이 생생하다.

당시 오락실에서 게임에 빠져 있었는데 동전을 넣지 않고도 마음 껏 할 수 있다는 사실에 감격하면서 주말이 오기를 손꼽아 기다렸었다. 그때는 베이직 언어로 프로그램을 작성했는데 선생님께서는 항상 순서도로 프로그램을 먼저 설명해 주셨다. 나는 '그냥 프로그램으로 바로 작성하면 될 텐데 왜 귀찮게 그림을 먼저 그려보라고 하시는 걸까?'라며 불만을 가졌었는데 지금 와서 생각해보면 참 철없던 생각이었다. 초등학교 3학년짜리 꼬마의 생각이었으니 이해해 주기를 바란다. 물론 지금은 생각을 문서를 통해 먼저 정리하지 않고 들입다 프로그램을 작성하는 것은 제발 참아달라며 여기저기 읍소하고 다니고 있다. 사실은 대학교에서 컴퓨터 공학을 전공하고 대학원까지 졸업하고 프로그래머로 사회생활을 시작했던 사회 초년생 무렵까지도 손이 먼저 나가는 버릇을 고치지 못했다. 문서를 작성하는 일이 그리도 싫었었다. 어떻게 생각하면 업보라는 느낌도 들 때가 있지만, 지금이라도 깨달았으니 다행이 아닌가? 당신은 부디 나보다 빨리 깨달았으면 좋겠다. 문서를 먼저 작성하면서 생각을 정리하고 다듬은 후 프로그래밍에 들어가는 것이 결과적으로 프로그램 개발 완성까지의 시간을 절약하는 방법이다. 생각을 정리하지 않으면 이미 만들어놓은 소스코드를 몇 번이나 다시 작성하게 된다. 생각을 미리 정리한 문서가 있다면 그대로 프로그래밍만 하면 되므로 재작업이 없어지게 된다.

하나의 내용을 설명하는 방법으로써 말로 하거나 서술하는 방식과 그림을 보고 이해하는 방식 중 어떤 방식이 더 이해가 잘되고 기억이 잘 될까?

사람은 말이나 글보다는 그림을 더 잘 기억한다. 『기억력도 스펙이다』라는 책에서는 기억력이 매우 뛰어난 사람들에 대한 이야기들을 소개하고 있는데, 그들은 기억해야 할 내용을 머릿속에서 그림으로 바꾸어서 스토리로 만들어 기억한다고 한다. 그림을 더 잘 기억하고 쉽게 이해하는 사람들의 습성과 순서도와 같은 그림으로 내용을 표현하는 것은 잘 맞는다.

그렇다면 순서도의 형식으로 업무 프로세스를 표현하면 어떨까? 간단한 그림을 통해 작성하는 사람이나 보는 사람 모두 쉽게 내용을 이해할 수 있다. 하지만 현대적인 프로세스 표현법으로서는 부족한 부분이 있다. 결론부터 말하자면 순서도는 누가 수행하는지가 표현이 되지 않고 동시에 병렬적으로 처리하는 상황을 표현할 수 없다는 문제가 있다. 사용하는 도형들도 너무 많아 일일이 의미를 기억하기가 어렵다는 것도 문제다.

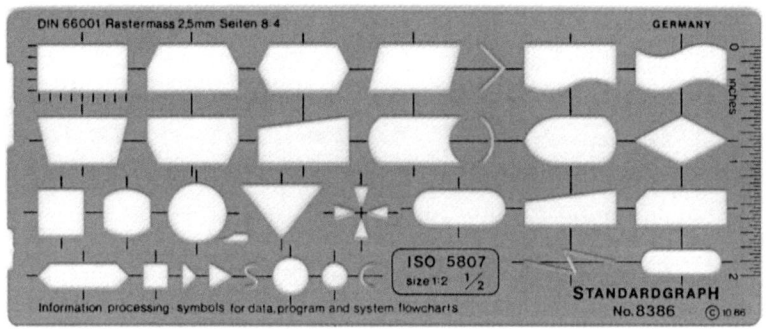

[그림 36] 순서도를 손으로 그릴 수 있게 해주는 그림틀

• 액티비티 다이어그램Activity Diagram

순서도의 뒤를 이은 UML의 액티비티 다이어그램에서는 순서도에서 문제가 되었던 부분이 어떻게 발전되었는지 확인해 보자. UML Unified Modeling Language[15]은 SW를 다양한 관점에서 설명하기 위한 표기법에 대한 표준으로 OMG Object Management Group이라는 표준화 단체에서 관리하고 있다. 단순하게 보면 SW 개발자들이 SW를 설

---

15 OMG 표준 페이지 링크 http://www.omg.org/spec/UML/

계할 때 사용하는 그림들을 모아 놓은 집합체라 이해하면 된다. 건축
가가 건물을 지을 때 다양한 시각으로 건물을 조망하는 도면으로 설
계도를 그린 후에 실제로 시공해서 건물을 완성시키듯 SW도 마찬가
지로 다양한 관점에서 SW를 바라보는 설계도에 해당하는 그림을 그
리게 되는데 그때 UML 표준의 여러 다이어그램으로 그리게 된다.

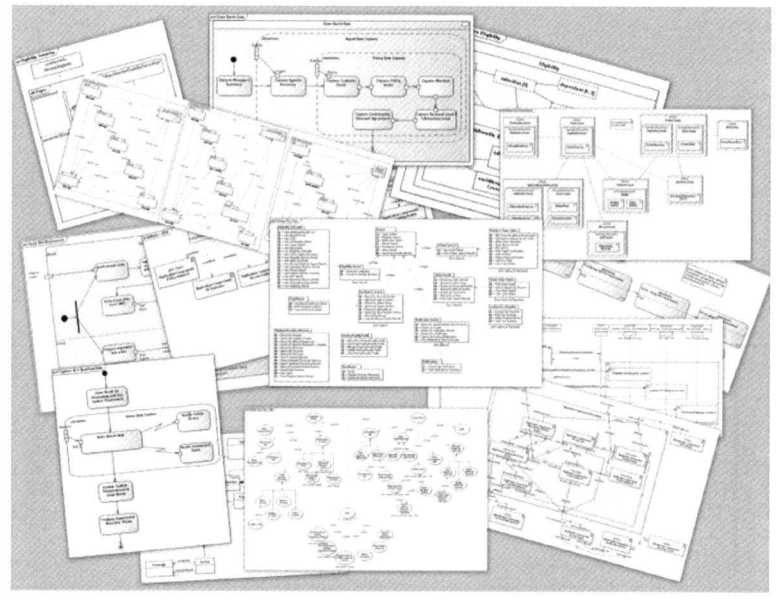

[그림 37] UML 다이어그램

UML은 많은 다이어그램으로 구성되어 있는데 크게 보면 구조 다이
어그램 계통-structure diagram과 행위 다이어그램 계통-behaviour diagram으
로 나뉜다. 여기에서 살펴보고자 하는 액티비티 다이어그램은 행위
다이어그램의 하나로 순차적인 작업의 흐름을 표현하는 경우에 사용
한다.

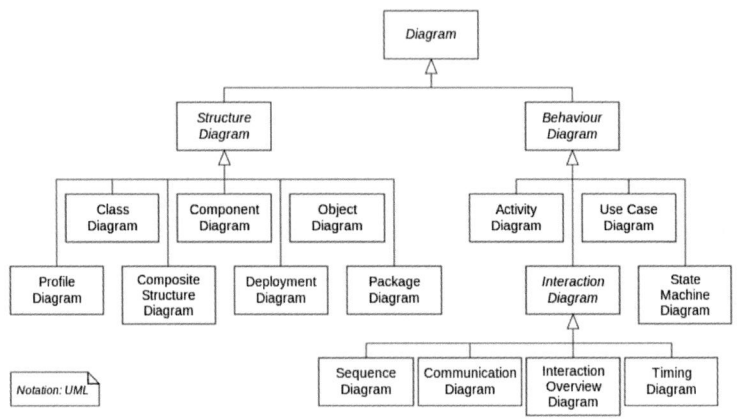

[그림 38] UML의 다이어그램 구조도

액티비티 다이어그램에 대해서 알게 되었으니 실제 작성 사례를 보

도록 하자.

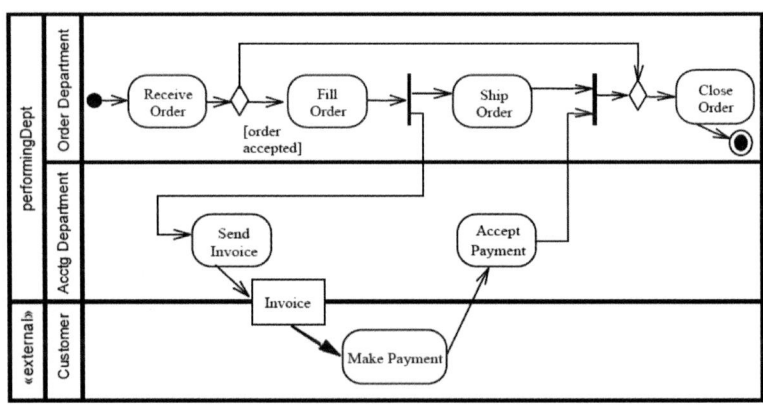

[그림 39] 스윔레인을 사용하는 액티비티 다이어그램

순서도에서도 봤었던 네모와 마름모가 보이고 화살표들도 보인다.

순서도에서 보이지 않던 표현들은 전체를 감싸고 있는 수영장처럼 보

이는 가로로 긴 큰 박스와 화살표가 나뉘는 곳에 있는 굵은 줄이다.

순서도에서 문제가 되었던 부분은 누가 수행하는지가 표현되지 않고 병렬적으로 수행되는 내용을 표현할 수 없다는 점이었다. 액티비티 다이어그램에서는 누가 작업을 수행하는지를 수영장처럼 표현한다. 가로로 긴 박스를 swimlane이라고 부르며 누가 수행하는지를 식별한다. 동그라미로는 시작과 끝을 표현하고, 굵은줄 split & join로는 여러 작업이 동시에 병렬적으로 수행되는 것을 표현한다. 순서도에서 문제가 된 부분들은 이제 해결되었으니 잘 사용하는 일만 남았다!

그런데 막상 작성해보면 조금 애매한 부분이 느껴진다. 흐름이 나뉘는 것을 마름모(분기)로도 표현하고 굵은 줄로도 표현하니 헷갈리는 경우가 생기는 것이다. 흐름이 나뉜다는 점은 같은데 전혀 다른 방식으로 표현하니 자연스럽지가 않다. 또 한편으로는 프로세스를 진행할 때 필연적으로 만나게 되는 일정 시간 기다려야 한다든지 메시지를 받을 때까지 대기해야 한다든지 하는 사건(이벤트)에 대해서는 표현할 방법이 없다. 분기도 명확하게 표현하면서 사건도 표현할 수 있는 방법은 없을까?

• BPMN의 등장

액티비티 다이어그램이 가진 부족한 점을 보완하는 표기법이 존재한다. UML의 표준화 단체이기도 한 OMG의  BPMNBusiness Process Model and Notation이 바로 그것이다. 말 그대로 비즈니스 프로세스를 표현하는 모델링 표기법이다. UML은 비즈니스 프로세스라는 관점에서 바라보기보다는 SW 개발 관점에서 바라보는

다이어그램을 제공한다. BPMN은 근본적으로 비즈니스 프로세스의 관점에서 프로세스를 표현하고자 하는 접근방식을 취하고 있다.

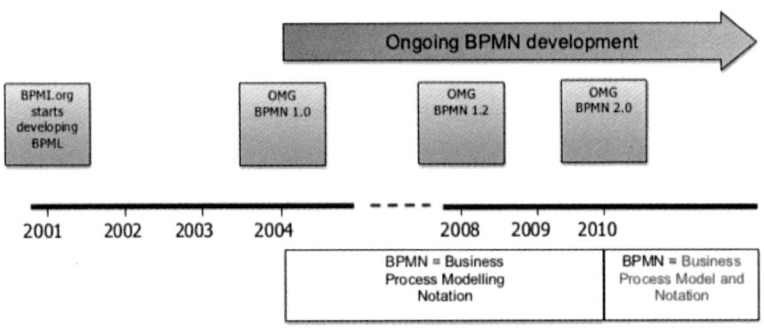

[그림 40] BPMN의 역사

BPMN은 2005년에 버전 1.0이 발표된 이래 판올림을 몇 번 거쳐 현재는 2011년에 발표된 2.0이 최신 버전이다. 1.0에서는 프로세스만 표현할 수 있었는데 2.0이 되면서 객체 간의 대화로 표현하는 코레오그래피choreographies까지 포함하도록 발전했다. 여기에서는 기본적인 프로세스 표현process collaboration만 다룰 것이기 때문에 코레오그래피라는 것도 있다 정도로만 알고 넘어가도록 하자. 그 외에 컨버세이션 conversation도 있지만, 마찬가지로 사용하지 않기로 한다.

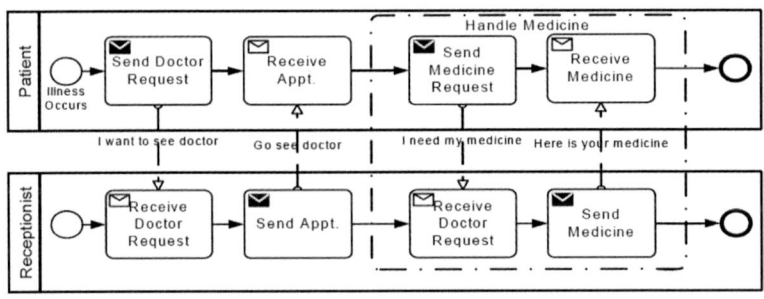

[그림 41] BPMN 작성사례

BPMN은 국제 표준으로서 비즈니스 프로세스에 관련된 모든 사람이 복잡한 구문을 모르더라도 서로 의사소통이 가능하도록 하는 것을 목적으로 고안되었다.

비즈니스 프로세스에 관련된 사람들이란 IT 지식이 거의 없는 프로세스가 정보시스템에 구현되기를 바라는 고객, 정보시스템 특히 비즈니스 프로세스를 동작시키는 BPM이라는 시스템에 프로세스 서비스를 구현하는 기술자, 고객의 요구사항을 듣고 기술자에게 전달하는 비즈니스 분석가, 그리고 BPM 시스템에 구현된 비즈니스 프로세스가 잘 운영되는지 확인하는 비즈니스 관리자가 BPMN을 사용하는 사람들이다. BPMN은 네 부류의 사람들이 공통의 언어를 사용하도록 해주는 것을 가장 주된 목적으로 하고 있다.

참가자의 부류가 많은 만큼 수준에 따라 달리 사용할 수 있도록 하기 위해 기본도형core, 확장도형extension을 구분하여 제공하고 있다. 쉽게 생각하면 기본도형은 누구나 이해할 수 있는 수준의 단순한 표현이고, 확장도형은 SW 기술자들이 사용하는 전문적인 표현이라 보면 된다. 나중에 살펴볼 BPMN을 그리는 도구에서도 기본도형만 가지고 그릴지 확장도형까지 사용할지 선택할 수 있다. 자신과 볼 사람의 수준에 맞게 사용하면 된다.

또한, BPMN은 사람과 BPM 솔루션과도 공통의 언어로 사용된다. 시중에는 수많은 BPM 솔루션이 존재한다. Oracle, SAP와 같은 대형 업체부터 BPM만을 전문적으로 제공하는 중소 규모 업체들까지 하면 그 수를 헤아리기 어려울 정도로 많이 존재한다. BPMN이 등장하기 전에는 각 솔루션이 제각각 프로세스 표현법을 각자 따로 가지고 있었다. 그래서 솔루션이 바뀌면 표기법도 바꾸어야 하고 새로 적응해야 하는 문제가 있었다. BPMN이 발표된 후 거의 모든 BPM 솔루션에서 공통적으로 BPMN을 프로세스 표현하는 방법으로 지원하게 되었다. 이제 BPM 솔루션에 관여하는 비즈니스 분석가나 기술자들이 BPM 솔루션이 무엇이냐에 관계없이 항상 사용하는 BPMN으로 프로세스를 표현하고 구현할 수 있게 되었다.

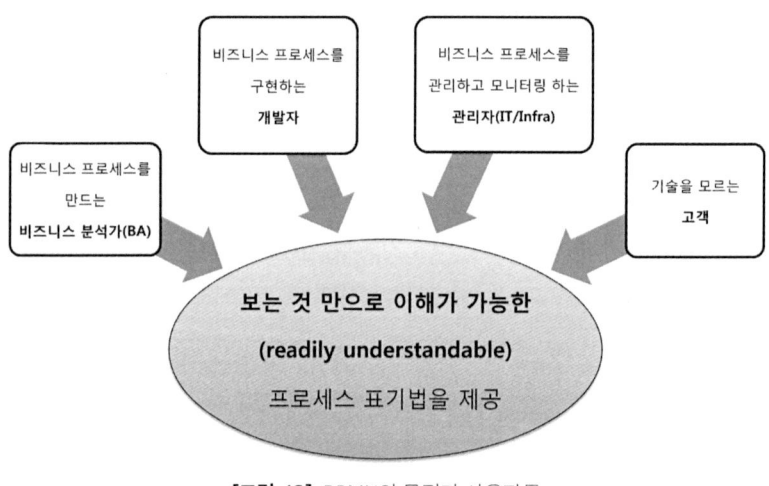

[그림 42] BPMN의 목적과 사용자들

여러모로 좋은 BPMN이지만 한 가지 조심해야 할 점이 있다. 바로 높은 자유도로 인해 내용상에 작성자 간 편차가 심하게 발생하는 문제이다. 겉으로 보기에는 똑같은 BPMN으로 똑같은 프로세스를 표현했다고 하더라도 누가 작성했는가에 따라 그 수준에 현저한 차이를 보일 수 있다. 예를 들어 같은 피아노라 하더라도 초보자가 치는 수준과 전문 피아니스트가 치는 수준에 어마어마한 차이가 나는 것과 마찬가지다. BPMN을 능숙하게 사용하기 위해서는 피아니스트가 되는 과정에 엄청난 연습을 해야 하는 것처럼 많은 경험을 쌓아야 한다. 개인적인 노력도 필요하지만, 조직적으로도 표준으로 도출된 프로세스나 액티비티를 잘 정리해서 제대로 재활용하는 문화를 갖추어 나가는 노력이 필요하다. 개인적, 조직적인 노력이 축적되면 업무수행 효율 향상이라는 형태의 결과로 돌아오는 순간이 온다.

프로세스를 문서 형태로 작성할 때 당신은 어떻게 표현하는가? 아마 가장 많이 사용하는 방법은 파워포인트에서 그리는 것이 아닐까? 파워포인트에서 사용할 수 있는 도형 모음 중에 순서도에서 사용하는 도형들이 기본적으로 포함되어 있어 별다른 프로그램의 설치 없이도 프로세스를 그릴 수 있다. 프로세스는 일단 눈에 보이도록 문서화하는 것이 가장 중요하다. 비록 표현하는 형식은 여러 가지가 있겠지만 가장 현대적이고 제대로 표현할 수 있는 국제표준이 존재한다

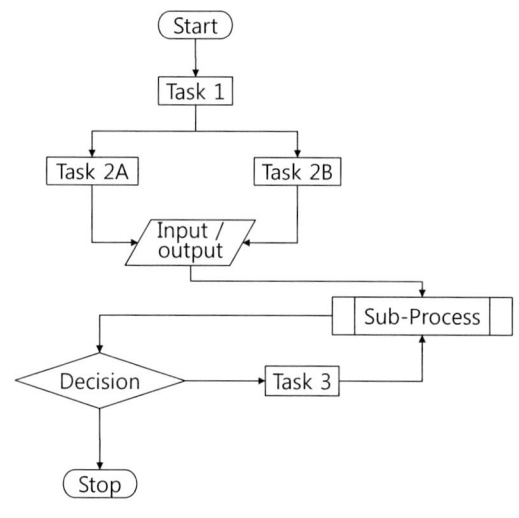

[**그림 43**] 순서도flowchart

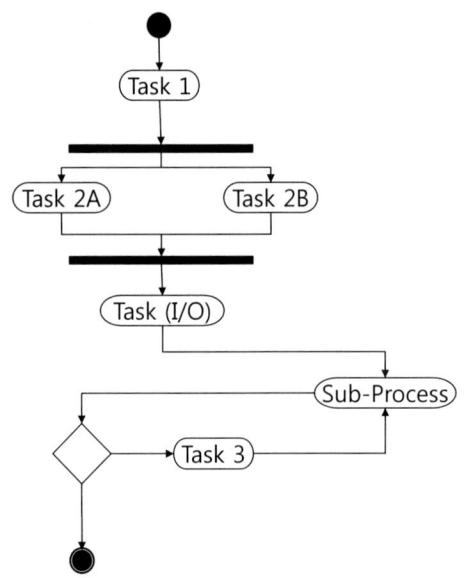

[그림 44] UML의 액티비티 다이어그램UML Activity Diagram

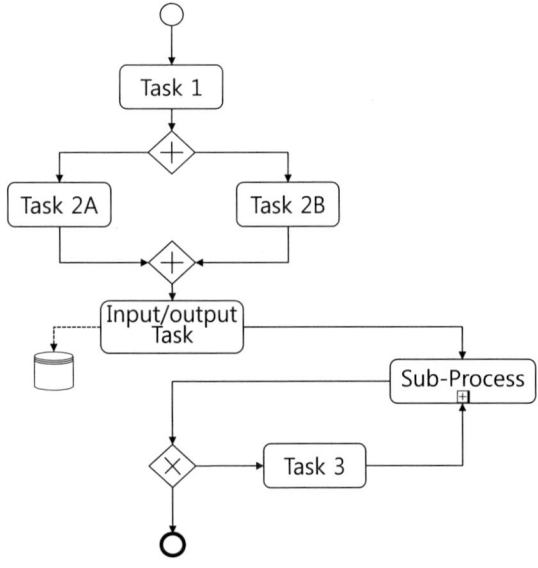

[그림 45] BPMNBusiness Process Model and Notation

는 사실을 꼭 알아주었으면 한다. 게다가 직관적이고 예쁘기까지 하다! 복잡한 프로세스를 표현해야 하는 경우 그 진가를 느낄 수 있는 BPMN을 꼭 한 번 사용해 보길 바란다.

BPMN 기본

BPMN으로 실제 프로세스를 작성하기에 앞서 BPMN의 기본적인 구조에 대해 알아보자. BPMN을 다양한 사람들이 사용하는 만큼 다루는 범위도 넓고 깊다. BPMN은 3가지 수준 Basic, Core, Advanced 로 나누어지는데 이 책에서는 BPMN의 가장 최상위 수준인 Basic 수준(『Introduction to BPMN 2』 책의 기준)만을 다루기로 한다.

더 많은 내용이 알고 싶다면 구글에서 BPMN으로 검색하면 된다. 세기 힘들 정도로 많은 좋은 자료들을 구할 수가 있으니 참고하면 좋겠다. 단, 좋은 자료들은 영문으로 존재하기 때문에 영문으로 읽어야 하는 수고가 들어간다. 나도 BPMN에 대한 한글화된 좋은 자료는 구하기가 어려웠다. BPMN에 대한 번역서조차 딱 1권만 존재한다(2016년 8월 현재). 한글로 읽고 싶은 경우에는 『BPMN 2.0 - 비즈니스 프로세스 모델링 입문』(dbBADA 출판)이라는 책을 읽어 보길 바란다.

다시 BPMN의 3가지 수준으로 돌아와서 각 수준을 하나하나 들여다보자.

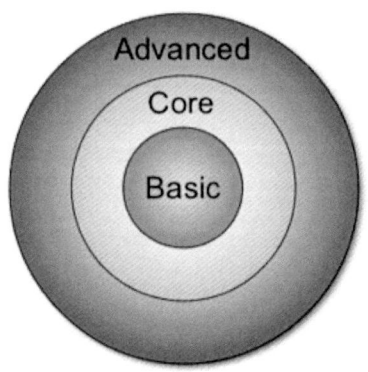

[그림 46] BPMN의 3가지 수준

Basic 수준은 가장 기초적인 수준으로 기술자가 아닌 사람들도 쉽게 익히고 이해하도록 단순하게 표현하고자 하는 데 목적을 둔다. 프로세스에 대한 스케치 정도가 가능한 수준이다. 이 책에서 다루고자 하는 범위가 여기이다. Basic 부분에서도 더 핵심적인 도형들만 사용한다.

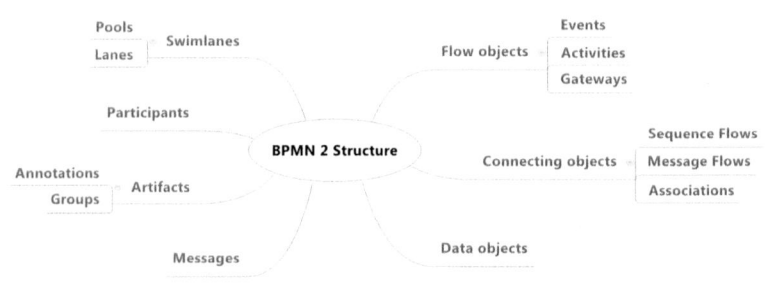

[그림 47] BPMN 요소(Basic 수준)

Core 수준은 BPM 시스템에 구현하는 기술자들이 다루는 범위라고 보면 된다. 시스템에 구현할 때 필요로 하는 과업activity에 대한 세부 분류(메시지 전송, 메시지 수신, 비즈니스 규칙, SOA 서비스)가 표현 가능하고 예외처리에 대한 표현이 가능하다. SW 개발을 하는 전문가들이 사용하는 수준이라고 생각하자.

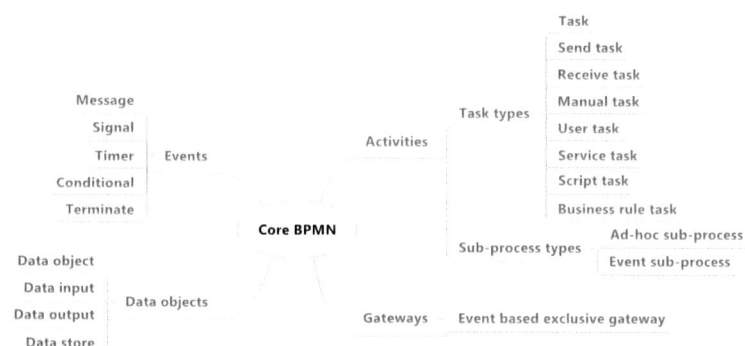

[그림 48] BPMN 요소(Core 수준)

Advanced 수준은 아예 SW 프로그램이라고 생각해도 될 정도의 수준인데 이 수준에서 BPM 시스템에 구현하면 실제로 동작하는 프로세스가 된다. 이 수준은 이 책에서 다루고자 하는 범위를 한참 벗어나니 이런 수준도 있구나 하고 넘어가도록 하자.

[그림 49] BPMN 요소(Advanced 수준)

당신도 앞으로 BPMN으로 프로세스를 표현하다 보면 '내가 지금 어면 수준으로 작성하고 있지?'라는 의문을 갖게 되기 쉽다.

항상 프로세스 문서를 작성할 때는 읽는 사람을 염두에 두어야 한다. 읽는 사람이 누구인지 명확하게 안다면 3가지 수준 중에 어디까지 표현해야 할지 결정할 수 있다. 보통 BPMN을 작성하는 목적이 자기 스스로를 위한 것보다 다른 사람에게 프로세스를 설명하는 것이 되는 경우가 많다. 그러니 읽는 사람을 반드시 고려해서 작성해야 한다. 읽을 사람이 이해하기 어렵고 자신이 설명하기도 어려운 도형이라면 아예 사용하지 말아야 한다.

• 구성요소element

BPMN은 가장 중요하고 많이 쓰이는 흐름 객체flow objects, 흐름 객체들을 이어주어 순차적인 흐름을 나타내 주는 연결객체connection objects, 흐름 객체들이 입력으로 받거나 출력하는 데이터객체data objects 그리고 프로세스를 식별하게 해주는 풀pool, 누가 흐름 객체로 표현된 행동을 하는지 알려주는 레인lane을 포함하는 말 그대로 수영장과 비슷하게 생긴 참여자Participants로 구성되어 있다. 작성된 프로세스를 보는 사람은 구성요소의 정확한 이름을 몰라도 프로세스를 이해하는 데 별문제가 없겠지만, 프로세스 모델을 작성하는 사람은 프로세스 정의를 제대로 하기 위해서 구성요소의 이름과 의미를 정확하게 이해하고 사용해야 한다.

• 흐름 객체

흐름 객체는 프로세스의 핵심적인 내용을 표현하는 도형들이다. 다음의 세 객체만 알아도 프로세스를 표현하는 것이 가능하다. 참고로 각 객체의 명칭은 우리말로 바꾸지 않도록 하겠다. 번역 오류로 인한 혼란을 방지하기 위함이니 이해해 주기 바란다.

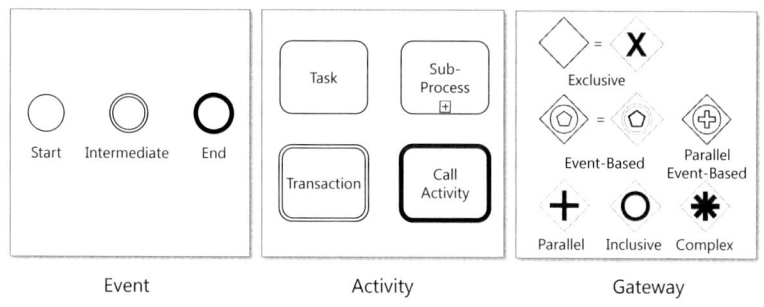

[그림 50] 흐름 객체의 종류

첫 번째 객체는 이벤트event이다.

[그림 51] 이벤트의 종류

이벤트는 기본적으로 동그라미로 그린다. 이벤트는 프로세스 진행 중에 발생하는 사건을 표현하는 도형으로 시작이벤트(얇은 1줄선), 중간 이벤트(얇은 2줄선), 종료이벤트(두꺼운 1줄선)의 3가지 종류가 있다. 프로세스는 반드시 시작이벤트로 시작해서 종료이벤트로 끝나야 하며, 절대로 끊김이 있어서는 안 된다. 처음 BPMN을 작성할 때는 바로 끊어짐이 있어서는 안 된다는 규칙 때문에 어떻게 표현해야 할지 난감한 경우를 경험하게 되는데 그때는 중간이벤트를 끼워 넣어주면 연결되니 참고하도록 하자. 이벤트의 특성을 더 자세하게 표현하기 위해 편지

봉투 모양(메시지), 시계 모양(타이머)을 동그라미 안에 넣을 수도 있으나 이런 표기는 Core, Advanced 수준에서 다루니 여기서는 그냥 넘어 가자.

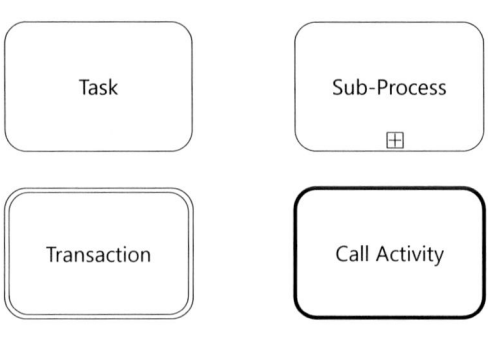

[그림 52] 액티비티의 종류

두 번째 객체는 액티비티activity로 모서리가 둥근 사각형으로 그린 다. 액티비티는 프로세스에서 어떤 행위를 하는지를 표현하는 도형으 로 행위를 표현하는 것이기에 반드시 동사형으로 정의해야 한다. 액 티비티는 프로세스에서 가장 핵심적인 요소라 해도 무방할 정도로 중요한 요소이다. 액티비티만 잘 정의하면 프로세스의 70~80%는 이 미 표현된 것이나 마찬가지라고 봐도 될 정도로 핵심적인 요소이다. 실제로 나도 액티비티만으로 프로세스를 작성하기도 한다. 짧은 시간 내에 압축적으로 프로세스를 표현해야 하는 경우에 사용하면 효과가 좋다. 이벤트와 마찬가지로 선의 두께로 종류가 나뉜다. 액티비티의 종류에는 태스크task(얇은 1줄선), 서브 프로세스sub-process(얇은 1줄선 하단에 십자박스 모양), 트랜잭션transaction(얇은 2줄선), 콜 액티비티call activity(두꺼운 1 줄선)의 네 가지가 있다.

태스크는 더 이상 쪼갤 수 없는 단위 작업을 표현할 때 사용하며 가장 많이 사용되는 도형이다. 쪼갤 수 없다는 의미는 그 안에 또 다른 작은 범위의 프로세스를 포함하고 있지 않다는 뜻이다. 안에 하위의 프로세스가 존재한다면 바로 다음에 설명할 서브 프로세스로 표현해야 한다.

서브 프로세스는 자신 안에 또 다른 프로세스가 있음을 의미하는 도형이다. 바로 이 서브 프로세스라는 표현 덕분에 우리는 하나의 프로세스 안에 모든 내용을 다 표현하지 않아도 되어 프로세스 그림이 복잡해지지 않도록 한다. BPMN으로 표현하는 프로세스는 더 작은 프로세스들로 분해decomposition하는데 바로 서브 프로세스라는 도형을 통해 하위 프로세스로 들어가게 된다. BPMN 작성 툴에서도 서브 프로세스의 안으로 들어가는 기능을 직관적으로 제공하고 있어 사람이 이 프로세스 저 프로세스 선택할 필요 없이 곧바로 가고자 하는 서브 프로세스의 내용을 바로 보여주게 되어 있다.

트랜잭션은 서브 프로세스와 비슷하게 하위에 또 다른 프로세스를 포함하고 있지만, 그 프로세스의 내용이 모두 실행되거나 아니면 하나도 실행되지 않도록 보장해 주어야 한다는 규칙을 가지고 있다.

트랜잭션의 예로는 은행계좌이체의 처리과정이 있다. 받을 사람, 보낼 금액을 입력해서 계좌이체 명령을 내리면 자신의 계좌에서 보낼 금액을 인출하고 상대방의 계좌에 입금한 뒤 거래기록을 어딘가에 남기는 작업들이 순차적으로 진행된다. 보통 이 과정은 발달된 정보 시스템 인프라의 덕분에 몇 초 이내로 끝나지만, 어느 하나의 시스템에 장애가 생기면 문제가 발생한다. 만약 트랜잭션 처리를 하지 않으면, 상대방 은행시스템에 문제가 발생했을 경우 자신의 계좌에서는 인출되었는데 상대방 계좌에 입금이 실패하여 자신의 계좌에서만 돈이 사라져 버리는 도저히 용납할 수 없는 상황이 발생한다. 이런 상황이 발생하더라도 돈이 허공으로 사라지는 문제를 방지하기 위하여 계좌 이체 과정의 모든 과정이 성공해야만 실제로 자신의 계좌에서 돈을 인출하고, 한 곳에서라도 장애가 있으면 그때까지 처리를 모두 되돌리는 방식을 취하게 되는데 바로 이 처리 방식이 트랜잭션이다. 실제로 트랜잭션을 표현할 때는 보상이벤트라는 것을 반드시 액티비티에 달아서 어떻게 되돌리라는 작업 내용을 표현한다. 설명이 쉽지 않은 만큼 Basic 수준에서는 사용하지 않는 것이 좋겠다.

콜 액티비티는 자신이 작성하고 있는 프로세스 내에서 이미 정의한 다른 태스크나 프로세스를 그대로 재사용하고자 할 때 사용하는 도형이다. 콜 액티비티를 수정하려고 하면 재사용되는 원래의 태스크나 프로세스로 이동해 수정하도록 툴에서 표현이 된다.

세 번째 객체는 게이트웨이gateway로 마름모 모양으로 그린다. 게이트웨이를 통해 프로세스의 흐름을 분기시킬 수 있다. 조건에 따라 해당하는 흐름을 타도록 하기도 하고 동시에 병렬적으로 처리하는 상황을 표현할 수도 있다. 마름모 안에 작은 표식을 넣어 더 세부적으로 게이트웨이의 유형을 구별한다. 게이트웨이는 7가지가 존재하는데 그중 4가지(배타적, 병렬, 이벤트 기반, 포괄적)만 설명하기로 한다. 게이트웨이는 들어오는 흐름incoming과 나가는 흐름outgoing을 조건에 따라 제어해 주는 역할을 수행한다.

배타적 게이트웨이exclusive gateway부터 보도록 하자. 모양은 안이 비

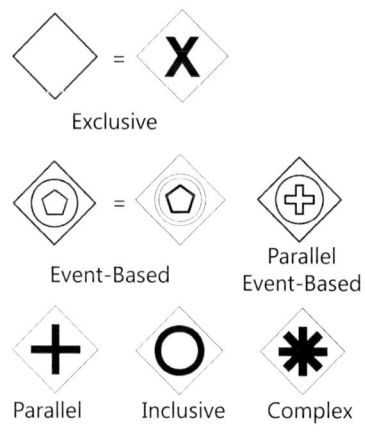

Exclusive

Event-Based

Parallel
Event-Based

Parallel

Inclusive

Complex

[그림 53] 게이트웨이의 종류

어있는 마름모이거나 엑스(x)자가 들어있는 마름모이다. 순서도에서
사용하던 분기의 의미와 정확하게 같은 의미로 조건을 만족하는 한
쪽의 흐름으로만 나가는 경우를 표현할 때 사용한다. 1:n 상황에서
n 중의 하나만 선택된다.

병렬 게이트웨이parallel gateway는 동시에 병렬적으로 분기되는 경우
를 표현하며 더하기(+) 표식이 안에 들어있는 마름로로 그린다. 1:n
상황에서 n개 모두로 동시에 흐름이 나가게 된다. 병렬 게이트웨이 사
용 시 주의할 점은 흐름을 나누었으면 흐름을 다시 합치는 게이트웨
이가 쌍으로 존재해야 한다는 것이다. 병렬적으로 처리되어 각각 끝
나면 상관이 없지만, 대개 일부분의 처리만 병렬적으로 수행하고 나
중에는 다시 합쳐져서 수행해야 하는 경우가 많다. 그러니 병렬 게이
트웨이는 쌍으로 사용하도록 하자.

이벤트 기반 게이트웨이event based gateway는 나가는 흐름 쪽에 중간

이벤트를 반드시 붙여서 해당 이벤트가 발생한 쪽으로만 흐름이 나가 도록 하는 것으로 마름모 안에 중간이벤트 표시인 2줄 동그라미 안 에 오각형을 가진 그림이다. 중간이벤트를 사용하는데 자신이 붙은 이후에 사용할 것을 권한다.

포괄적 게이트웨이inclusive gateway는 배타적 게이트웨이와 다르게 조 건이 여러 개 있는 상황에서 최소한 한 개 이상의 조건이 만족하면 나 가는 흐름을 표현하는 것으로 마름모 안에 동그라미를 그려 표현한 다. 설명이 좀 복잡한데 자동차를 예로 들어보면 1:n 상황에서 n에 '세차를 한다', '수리를 한다'라는 태스크가 있을 경우 포괄적 게이트에 는 '차가 더럽다'라는 조건과 '차가 고장났다'라는 조건이 붙어 있어 해 당되는 조건 쪽으로만 흐름이 나가게 된다. 이때 차가 더러운 것과 고 장 난 것은 배타적이거나 의존적이지 않고 서로 독립적인 조건이다.

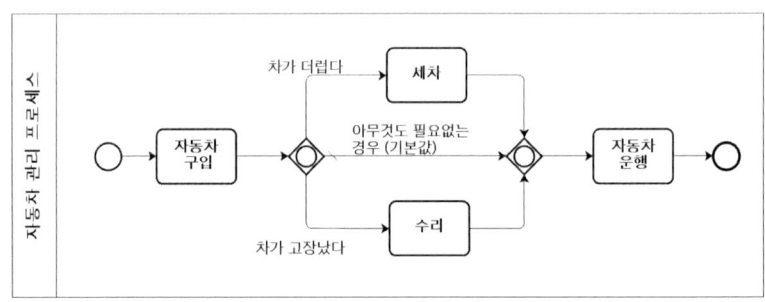

[그림 54] 포괄적 게이트웨이 사용 예

연결객체는 프로세스상의 다수의 흐름 객체들을 연결하여 프로세 스의 흐름을 선으로 표현한다.

시퀀스 플로우sequence flow는 실선의 단방향 화살표로 하나의 프로 세스 안에서 액티비티, 게이트웨이, 이벤트 사이의 흐름을 나타낸다.

주의해야 할 점은 다른 프로세스로 가지 못한다는 점이다. 내부 구조를 알고 있는 프로세스에서만 사용할 수 있다.

메시지 플로우message flow는 프로세스 간 메시지 교환하는 경우에 사용하며 점선의 단방향 화살표를 사용한다. 화살표의 머리는 비어있어야 한다. 실제 상황에서 프로세스는 독립적으로 동작하기보다 다른 프로세스들과 협업을 통해 동작하게 되는데 이때 다른 프로세스와 통신을 위해 사용되는 모든 방식(소켓통신, 웹서비스(REST API, XML WebServices))을 의미한다.

어소시에이션association은 특히 액티비티와 관련된 산출물을 연결할 때 사용하며 화살표가 아닌 점선으로 표현한다.

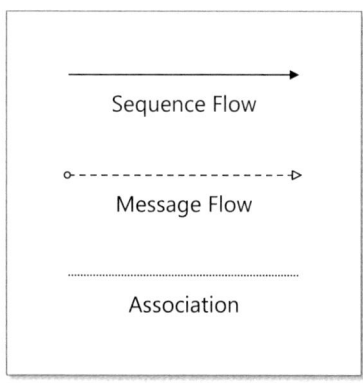

Connections

[그림 55] 연결객체의 종류

참여자Participants는 프로세스의 범위를 표현하고 수행 주체를 표현하기 위한 것으로 흐름 객체와 연결객체를 사각형으로 감싼 모양으로 표현한다.

풀pool은 프로세스를 식별하기 위한 표현으로 프로세스의 이름을 기입해야 한다. 내부 프로세스의 내용을 아는 경우 흐름 객체와 연결 객체를 사용하여 사각형 안에 내용을 표현하고, 그 안의 흐름을 모르거나 제어할 수 없는 경우에는 외부 프로세스로 인식하여 사각형 안에 아무것도 넣지 않은 상태로 비워두고 통신하는 메시지만 메시지 플로우로 표현한다.

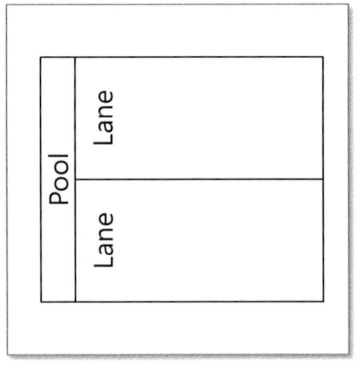

Participants

[그림 56] 풀과 스윔레인

스윔레인은 내부 프로세스를 수행하는 주체가 누구인지를 식별하여 기입하는 것으로 프로세스에 참여하는 주체가 많은 경우에 누가 해당 액티비티, 이벤트, 게이트웨이를 처리하는지를 식별하기 위한 목적으로 사용한다. 스윔레인을 사용하면서 의아하게 생각되는 점은 여러 수행 주체들이 동시에 함께 모여서 수행하는 액티비티의 경우 어디에 그려야 하는가 하는 점이다(예: 여러 팀이 함께 회의, 의사결정 하는 경우). BPMN 표준 자체에서 이 상황을 언급하는 내용은 찾지 못했다. 비슷한 다이어그램인 액티비티 다이어그램에서는 스웜레인의 중간에 액티비티를 두면 된다고는 하고 있지만 BPMN에서는 스웜레인 중간에 그리는 경우를 보지 못한 것으로 미루어 보아 조금이라도 주도권을 더 가진 주체 쪽에 표현하는 것이 맞지 않을까 생각된다. 정답은 아니니 참고만 하기 바란다.

산출물artifacts은 프로세스를 수행하는 과정에서 발생하는 문서, 데이터나 어떤 공통점을 가진 부분을 영역으로 표시하거나 부연 설명을 표현하기 위한 기호들로 구성되어 있다.

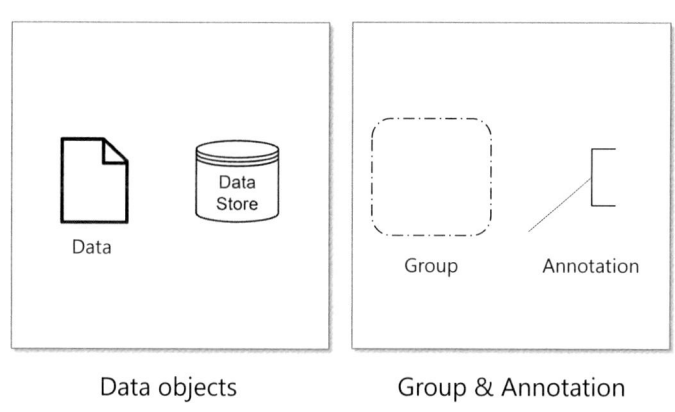

Data objects   Group & Annotation

[그림 57] 산출물의 종류

데이터 객체data objects는 액티비티에서 만들어 내거나 액티비티 수행을 위해 투입되어야 하는 문서나 데이터를 표현하는 경우에 사용한다. 데이터나 문서의 경우 오른쪽 상부 모서리가 꺾인 사각형으로 표현하며 데이터 저장소data store는 데이터를 저장하는 데이터베이스나 그 밖의 일반적인 데이터를 저장하는 기능을 하는 장소를 표현할 때 사용한다. 원기둥으로 하고 위에 세 줄 선으로 그린다.

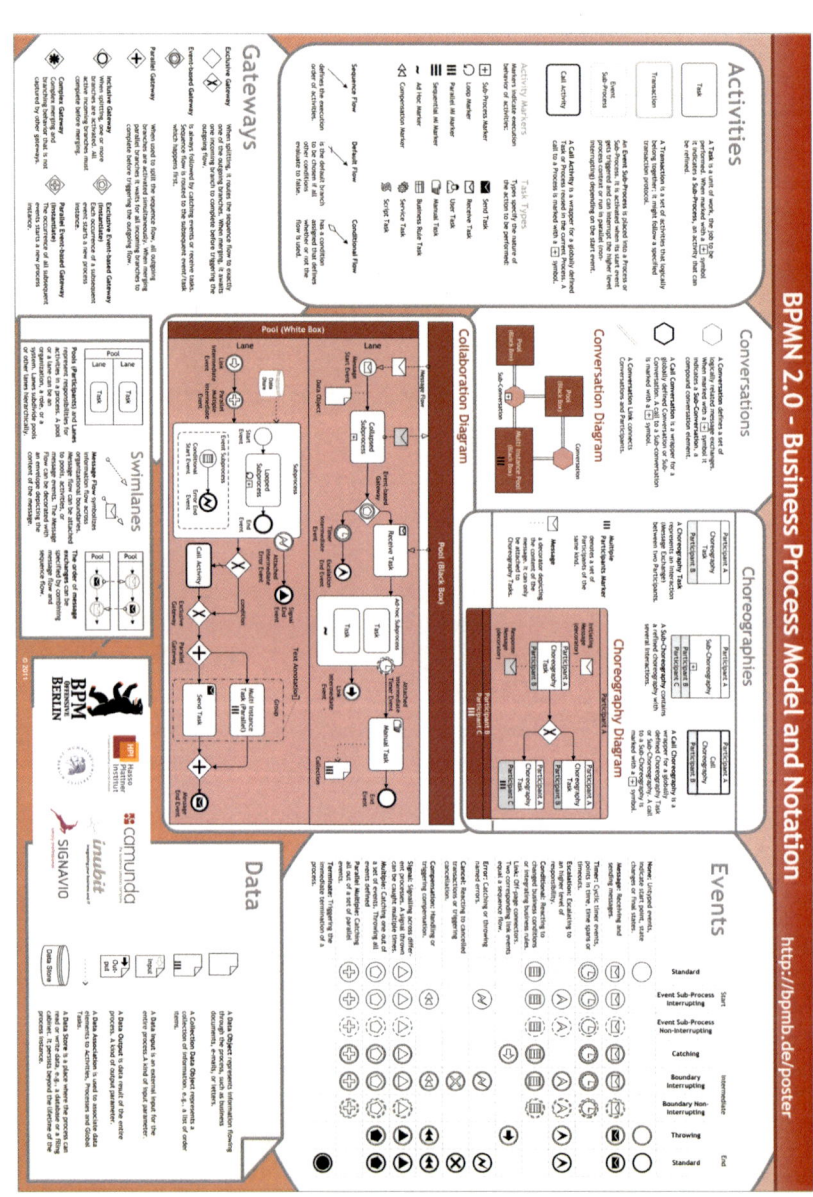

[그림 58] BPMN 포스터 참고자료

그룹groups은 모서리가 둥근 점선으로 된 사각형으로 표현한다. 이해를 돕기 위해 프로세스의 어느 부분을 감싸면 되는데 프로세스가 복잡한 경우에는 가급적 사용하지 않는 것이 좋다. BPMN이 복잡해지면 도형과 선들로 복잡해지게 되는데 그룹까지 표현하면 그 복잡함이 더해지기 때문이다.

어노테이션annotation은 부가적인 설명이 반드시 필요한 경우에 사용하면 된다. 왼쪽에 대괄호 시작하는 기호로 표현된다. 그룹과 마찬가지로 부연 설명하는 기호이기 때문에 프로세스가 복잡한 경우에는 가급적 사용을 자제하는 것이 좋다.

각 기호들에 대한 자세한 설명은 아래 사이트를 참고하도록 하자.

http://camunda.org/bpmn/reference

BPMN 그리기 도구

현재 BPMN을 그릴 수 있는 도구는 수십 가지가 존재[16] 한다. 너무 많아서 고르기가 힘들 지경이다. 그중에는 전문적인 SW 설계를 위한 도구Visual Paradigm부터 BPMN만을 간단하고 보기 좋게 그릴 수 있는 도구BizAgi Modeler, 캐주얼하게 웹 브라우저에서 설치 없이 바로 그릴 수 있는 도구bpmn.io도 있다. 이중 상당수는 회사에서 상업적으로 사용해도 무료인 도구이다. 도구가 무료인 이유는 1장에서 언급했었던 비즈니스 프로세스를 실제로 동작시켜주는 시스템인 BPM 솔루션 회

---

16 위키피디아의 BPMN 모델링 툴 비교표를 참조하라.
http://en.wikipedia.org/wiki/Comparison_of_Business_Process_Modeling_Notation_tools

사들에서 자사의 솔루션을 사용하도록 고객을 유인하기 위해 BPMN 모델링 도구를 무료로 배포하는 경우가 많기 때문이다. 무료로 준다고 해서 질이 떨어지거나 많은 단점을 감수하면서 고통스럽게 사용할 필요는 없으니 걱정하지 않아도 된다.

실제로 사내에서 표준 도구로 사용하기 위해 여러 BPMN 도구를 검토해 보았고 사용해 보았다. 그 결과 도구가 가져야 할 조건을 발견했는데 다음과 같다. 이 조건은 BPMN을 그리는 관점에만 해당하는 것이고 BPM에 실제로 동작시키기 위한 프로세스를 그리는 관점은 아니라는 점을 상기하기 바란다.

• 좋은 BPMN 도구를 고르는 조건

1) 그림이 예쁜가?
2) 뽑아 쓰기 기능이 있는가?
3) 자동 정렬 기능이 있는가?

나의 주관적인 기준이므로 당신은 당신만의 기준으로 도구를 고를 수 있다. 참고만 하도록 하자. 제시한 조건을 하나하나 살펴보자.

첫 번째 조건으로 그림이 예뻐야 한다고 했다. 당신이 작성할 BPMN 문서는 여러 사람에게 보여져야 한다. 이때 그림이 투박하고 성의가 없어 보이면 자세한 내용을 보기조차 싫다는 느낌을 줄 수도 있다. '보기 좋은 떡이 먹기도 좋다'란 속담이 괜히 있는 것이 아니다.

두 번째 조건으로 뽑아 쓰기 기능이 있는지를 확인해야 하는데 뽑아 쓰기 기능이란 흐름 객체를 클릭했을 때 다음에 올 수 있는 흐름 객체(이벤트, 액티비티, 게이트웨이)나 데이터 객체가 표시되고 그중에 하나를 골라 드래그 앤 드롭하면 고른 도형이 생기면서 화살표가 자동으로 그려지는 기능을 말한다. 글로 읽으니 이해가 어렵겠지만 실제로 사용해 보면 한 번 보고 바

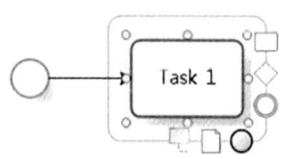

로 따라 할 수 있다. 뽑아 쓰기 기능을 제공하는 도구라면 매우 빠르게 프로세스를 그려낼 수 있다. 프로세스 내용이 이미 도출된 상태라면 그림을 그리는 것은 정말 시간이 얼마 걸리지도 않고 빠르게 그려낼 수 있다. 최근에 등장한 도구들은 이미 많이 지원하는 기능이다.

세 번째 조건인 자동 정렬 기능이 있는가 하는 부분을 확인해야 한다. BPMN을 그리다 보면 정렬이 맞지 않아서 세부조정을 해야만 선들이 꺾임 없이 깔끔하게 그려지는 경험을 하게 된다. 좋은 도구는 대략적인 위치에 도형들을 가져가면 주변의 도형들과 자동으로 정렬해주는 기능을 제공한다. 이 기능이 있으면 세부 위치 조정하는 시간을 아껴 프로세스 본연의 내용을 표현하는 데 더 집중할 수 있다.

하나 덧붙이자면 파워포인트로 BPMN을 표현하는 것은 위에 언급한 3가지 조건과 맞지 않으므로 삼가해야 한다. 본격적인 BPMN 형태로 그리고자 한다면 BPMN 도구를 사용하는 편이 옳다. 그러나 모든 프로세스가 항상 BPMN 형태로 표현되는 것은 아니고 그럴 필요도 없다. 단순한 태스크들의 나열 정도로만 프로세스를 표현하면 되고 BPMN처럼 표현하지는 않아도 되는 경우라면 파워포인트도 괜찮은 선택이 될 수 있다. 도구는 상황에 맞게 사용하면 그만이다. 반드시 이 도구만 사용해야 한다고 하는 도구 사용의 절대 원칙은 있을 수 없다. 경험을 쌓아 상황에 맞추어 도구를 사용하면 된다. 좋은 도

구를 찾기 위한 노력은 필요하지만, 도구에 너무 얽매여서는 안 된다. 표현하는 프로세스의 실제 내용이 중요함을 잊지 않도록 하자.

그리기 도구가 가져야 할 조건을 알았으니 이제 실제로 가져다 사용할 수 있는 도구가 무엇인지 살펴볼 차례다. 결론적으로 수많은 도구 가운데 3가지를 추천한다. BizAgi Modeler와 Camunda Modeler, 그리고 Visual Paradigm이 그것이다. 다른 도구도 좋을 수 있다. 위에서 설명한 좋은 BPMN 그리기 도구가 가져야 할 3가지 조건만 만족한다면 어떤 것이든 괜찮겠으나 지금까지 사용해 본 경험에 비추어보아 괜찮은 도구라 판단하여 추천하니 참고해 주기 바란다.

BizAgi Modeler

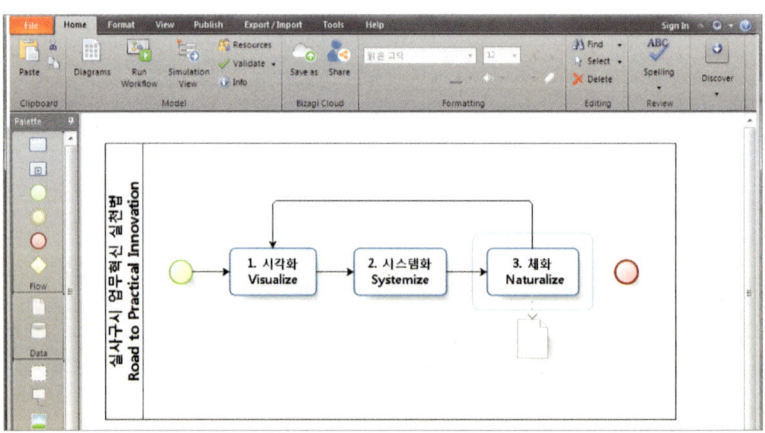

[그림 59] BizAgi Modeler

BizAgi Modeler[17]는 BPM 솔루션을 제공하는 BizAgi사에서 제공하는 도구로 프리웨어이다. 회사에서 상업적으로 사용해도 아무 문

---

17 http://www.bizagi.com/en/products/bpm-suite/modeler

제가 없다. 클립보드 복사 후 붙여넣기를 하면 BizAgi 로고가 들어간다는 점이 약간 귀찮기는 하지만, 공짜로 이 정도로 괜찮은 도구를 사용할 수 있다는 것에 비하면 충분히 감수할 만한 가치가 있다. 이렇게 괜찮은 도구를 무료로 사용할 수 있는 이유는 BizAgi사가 많은 고객들로 하여금 프로세스를 작성하게 해서 실제로 동작시키고 싶어하는 고객이 생기면 자신들의 BPM 솔루션 구매를 유도하는 비즈니스 모델을 가지고 있기 때문이다. 고객들은 무료로 좋은 도구를 사용할 수 있어서 좋고, 솔루션 업체 쪽에서는 경쟁이 심화된 시장에서 자신들 제품의 기반을 넓혀서 비즈니스 기회를 만들어 나갈 수 있어서 좋은 '누이 좋고 매부 좋은' win-win 전략이라고 생각한다. 좋은 도구의 3가지 조건을 모두 갖추고 있으며 익숙한 오피스 프로그램과 유사한 유저 인터페이스를 제공하여 처음 사용하는 사람도 사용하기 쉽다.

다만, 단점으로는 윈도우 환경에서만 사용할 수 있다는 점(맥 OS나 리눅스 유저는 실행 불가능)과 그림이 복잡해져서 객체가 많아지면 동작이 무거워진다는 느낌을 받는다는 점이다. 가끔 예기치 못하게 종료되는 자잘한 버그를 만나는 경우도 있지만, 어느 SW나 버그는 있는 것이기에 너무 민감하게 받아들이지만 않는다면 충분히 좋은 도구라 생각한다. 특히 좋은 도구의 첫 번째 조건인 '그림이 예쁜가'라는 항목에 가장 부합하는 도구가 아닐까 한다.

Camunda Modeler

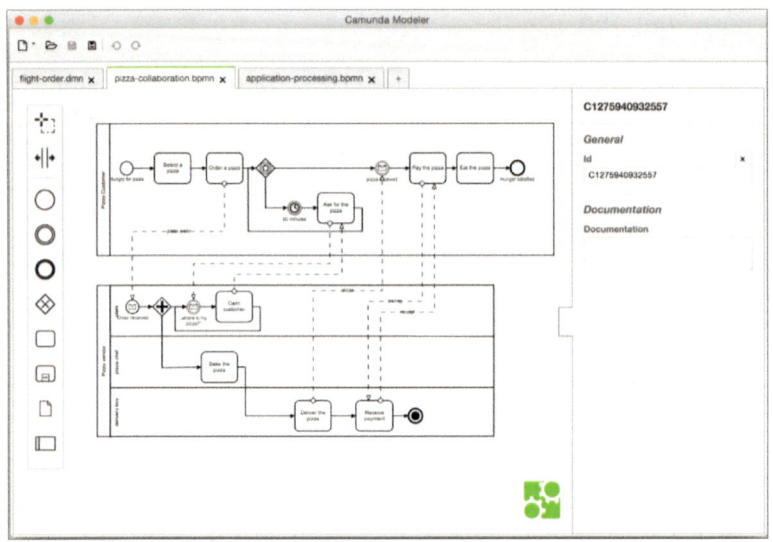

[그림 60] Camunda Modeler

Camunda Modeler[18]는 Camunda BPM이라는 오픈소스 BPM 솔루션을 제공하는 Camunda Services GmbH에서 만든 BPMN 그리기 도구이다. 완전한 오픈소스 SW로 프리웨어이다. 실행 속도가 매우 빠르고 MS 윈도우 뿐만 아니라 리눅스, 맥 OS에서 사용하는 것도 가능하다. 별다른 사전 설치조건 없이 배포되는 압축파일만 해제해서 바로 실행한다는 간편함도 가지고 있다. BizAgi Modeler가 .NET 기반에서만 동작하는 단점에 비해 여러 OS에서 동작한다는 부분은 분명히 장점이다. 웹 기반으로 만들었기에 가능한 것으로 bpmn.io라는 온라인 BPMN 서비스를 제공하고 있기도 하다. 또한, 웹 개발자들

---

18 http://camunda.org/bpmn/tool/

을 위해서 bpmn-js라는 라이브러리도 제공하고 있다.

  BPMN 표준의 작성사례에서 보던 샘플과 매우 흡사하게 그림이 그려진다. 나의 경우 왠지 모르게 오리지널 BPMN 모델링을 한다는 느낌을 받으면서 사용하고 있다. 뽑아 쓰기 기능도 제공하고 있어 문서 작성 속도도 빠르게 진행할 수 있다.

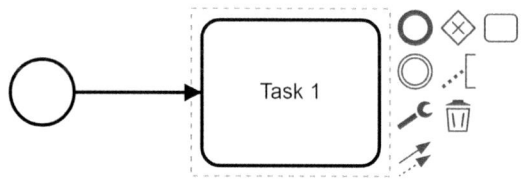

  단점은 흑백으로밖에 표현되지 않아 강조하고 싶은 부분을 눈에 띄게 하기 어렵다는 점과 폰트 사이즈를 조절할 수 없고 도형들의 크기도 조절하는 것이 불가능하다는 점이다. 또한, 서브 프로세스 파고들기drill-down 기능이 없어서 상위레벨의 프로세스에서 하위로 이동할 방법을 제공하지 않는다. 서브 프로세스 안에 프로세스를 표현하는 것은 가능하지만 그렇게 표현하면 전체 흐름을 보기가 어려워지므로 실제로 그런 식으로 그리는 경우는 매우 드물지 않을까 한다. 선의 굵기도 다 똑같아서 조금만 복잡해져도 선이 너무 많은 느낌이 들어 내용에 집중하기가 어려워지기도 하는데 풀이나 스윔레인의 선과 플로우(시퀀스, 메시지, 어소시에이션)만이라도 가늘게 그려주면 조금 나아지지 않을까 하는 생각은 들지만, 개발에 반영될지 확실치는 않다.

  장단점이 극단적으로 뚜렷해서 직접 사용해 보고 맘에 들 경우에만 사용하는 편이 좋을 것이다. 많은 사람에게 일반적으로 추천하기에는 BizAgi가 좋고 BizAgi보다 가볍고 캐주얼하게 이것저것 따질 것 없이 빠르게 작성하기를 선호하는 사람이라면 Camunda Modeler 도 괜찮은 선택이지 않을까 한다. 실제로 나는 BizAgi와 Camunda Modeler를 둘 다 사용하고 있으며 최근에는 Camunda Modeler를 사용하는 경우가 점점 늘어나고 있다.

Visual Paradigm

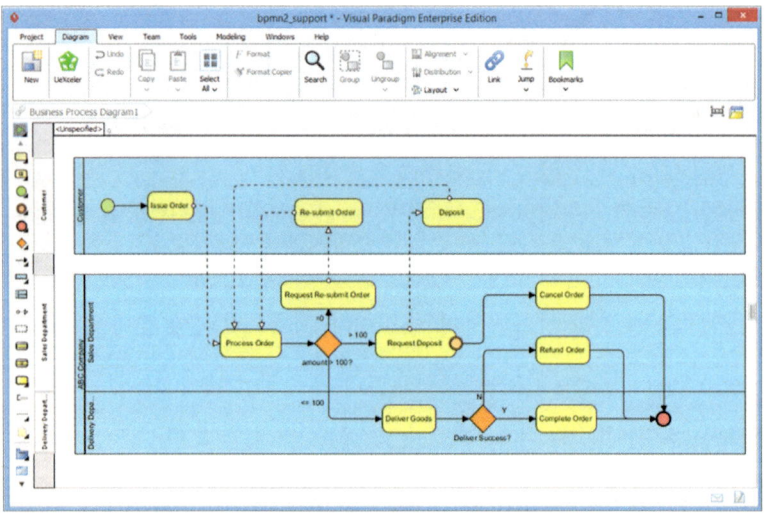

[그림 61] Visual Paradigm

Visual Paradigm[19]은 SW 개발을 위한 거의 모든 다이어그램(UML, ER Diagram, BPMN)을 그릴 수 있는 도구로 BPMN은 그릴 수 있는 다이어 그램의 종류 가운데 하나로써 사용 가능하다. 전문가를 위한 도구이 기에 상용으로 제공하고 있어 라이선스를 구매하여 사용해야 한다.

---

19 http://www.visual-paradigm.com/

영구 사용 라이선스 중에 플로팅 라이선스가 있는데 동시 접속자 수만 적으면 되므로 사용자가 많더라도 적은 수의 라이선스 구매만으로 감당할 수도 있다는 점도 참고하여 도입 여부를 판단하기 바란다.

좋은 도구의 3가지 조건 중에 두 번째 뽑아 쓰기 기능만을 제공하고 있다. 직접 큰 규모의 SW를 설계하는 설계자라면 다른 UML 다이어그램과 ER 다이어그램과 연계하여 같은 의미를 가진 객체를 따라다니기 편하도록 Transit 기능을 제공하고 있어 굉장히 효율적이다. SW를 설계할 때는 여러 다이어그램 사이를 왔다 갔다 하면서 생각을 다이어그램으로 옮겨서 표현해야 하는데 복잡한 다이어그램에서 내가 원하는 객체가 바로바로 접근 가능하다는 것은 시간 절약에 많은 도움이 된다. 실제로 사용해 보면 사람이 생각하는 방식을 그대로 도구가 따라와 준다는 느낌을 받을 수 있다.

최신 버전인 13.2를 기준으로 비상업적으로 사용하는 개인에 한해 기간 제한 없이 사용할 수 있는 community edition에서 BPMN을 모델링하는 다이어그램을 그리지 못한다. 상용 버전에서는 그릴 수 있으니 참고하자.

8.2 시스템화의 핵심도구 Atlassian JIRA

JIRA와 제작사 Atlassian 소개

JIRA는 호주에서 창업한 Atlassian사가 제공하는 프로젝트 관리소프트웨어이다. 2002년에 처음 개발할 당시부터 프로젝트 관리소프트웨어로 출발한 것은 아니고 이슈관리시스템으로 시작했다. 이슈관리시스템이란 최근의 SW 개발과정에 있어 필수적인 시스템으로 인식되는 SW로서 개발과정에서 발생하는 다양한 이슈들(버그, 요구사항, 테스트 케이스, 리스크 등)을 등록하여 개발에 참여하는 모든 사람이 각 내용을 확인하도록 하고 아이템의 발생부터 종료까지의 모든 이력을 저장하는 기능을 가지고 있다. 최근에는 소셜 기능도 제공하여 마치 SNS를 사용하듯이 사람의 이름만 입력하면 메일이 발송된다든지 하는 기능도 제공한다. JIRA는 이슈관리시스템으로 출발하여 차츰 오픈소스 커뮤니티부터 저변을 넓히기 시작했고(오픈소스 개발 단체에는 무료로 사용 가능한 라이선스를 제공함) 그 기능의 뛰어남으로 인해 기업 고객들에게서도 인정을 받아 상용 고객들도 50,000사 이상 확보하고 있으며 Gartner에서도 어플리케이션 개발 생애주기 관리 분야 ADLM Application Development Lifecycle Management에서 LEADER로 분류하고 있다.

특징으로는 매우 유연하게 UI를 통해 많은 부분을 사용자가 직접 커스터마이징을 할 수 있고 다른 시스템과도 연동하기가 쉽게 되어 있다는 점을 들고 싶다. 또한, 3rd party 생태계도 활성화되고 있어 많은 플러그인을 사용할 수 있다. 마치 스마트폰에 수많은 앱을 설치하여 자신만의 핸드폰으로 만들어서 사용하듯이 JIRA에서도 플러그인의 설치를 통해 각 조직에 맞는 기능들로 확장하여 사용가능하다. 특히, 애자일 개발방식을 사용하는 프로젝트에서 사용하기에 적합하게 된 부분들을 많이 발견할 수 있으며, 특유의 유연함으로 개발 관련 사람들만 사용JIRA Software하는 것이 아니라 회계, 인사 같은 일반 업무 지원 부서 사람들이나JIRA Core, 고객 서비스 대응JIRA Service Desk을 위한 전용 버전도 제공한다. 자세히 언급은 하지 않겠지만 고객 서비스 대응 버전은 한층 더 사용법을 간소화시켜 고객 대응에 꼭 필요한 부분만 남기고 불필요한 부분은 다 제거하여 매우 간단하면서도 강력하다.

[그림 62] 가트너의 어플리케이션 개발 라이프사이클 관리 시장 매직 쿼드런트(2015년 2월)

다른 장점으로는 라이선스 가격을 여타 동일 프로젝트 관리 분야의 SW보다 합리적인 금액으로 제공하고 있다는 점을 들 수 있다. Microsoft나 IBM에 비해 거의 1/10의 가격(100명 기준)으로 비슷한 기능을 사용하는 것이 가능하며, 시스템의 관리는 오히려 더 편리하게 제공하고 있다. Edition을 차별화하여 사용 가능한 기능에 제한을 거는 방식이 아니라 사용자 수만으로 라이선스를 구분하는 방식을 가지고 있어서 10명의 유저를 대상으로 하는 starter 라이선스($10, 설치형)를 사용할 때에도 모든 기능을 사용하는 것이 가능하다. 게다가 25명 이상 라이선스를 사용하는 경우에는 full source code를 제공하고 developer 라이선스라고 하는 stand-by 서버를 제한 없이 둘 수 있는 라이선스도 무료로 제공한다. 또한, 오픈소스 프로젝트를 대상으로 사용자 수 제한이 없는 커뮤니티 라이선스도 무료로 제공한다.

그 밖에 개인화 기능을 지원하여 개인별로 각각 다르게 화면을 구성하여 사용 가능하며, 타 시스템과의 연동도 매우 쉽고 편리하게 되어 있다.

실천법의 2단계 시스템화와 연관 지어 보자면 칸반을 구현하기가 매우 쉽게 되어있다는 장점이 있다. 사용자나 관리자 모두에게 칸반에 관련된 기능을 사용하는 방법이 매우 직관적이고 쉽게 구성되어 있어 SW 개발자나 관리자가 아닌 일반인이라고 해도 사용법만 배우면 자신의 업무에 맞춰서 사용하는 일이 그다지 어렵지 않게 만들어 놓았다.

소소한 단점을 들자면 JIRA라는 이름 자체가 우리나라에서는 비속어로 들리기 쉽다는 점이 있는데 가급적이면 회사에서 친숙하게 사용할 수 있는 별도의 명칭을 부여해서 사용하기를 권한다. 룩앤필도 쉽게 바꿀 수 있어 원하는 로고와 색상을 지정하는 것도 가능해서 JIRA라는 느낌이 들지 않도록 하는 방법도 제공한다.

그리고 내가 직접 경험해 보지는 못했지만 유저 수가 5,000명 이상으로 매우 많아지면 시스템 안정성이나 응답 속도가 떨어진다는 소문이 있기는 하다. 보통 이슈아이템 개수가 많이 늘어나면 시스템이 느려지는 경향을 보인다고 한다. 최근 내가 관리하는 JIRA에서 이슈아이템의 총 수가 50,000개 정도 되는 것을 확인했는데 느려진다는 느낌은 없다. 대규모 사용자를 지원하기 위한 enterprise 버전이 있기는 하지만 라이선스가 매우 비싼 것에 비해 성능은 그다지 좋지 않다는 소문은 들은 바 있다. 유저 수가 매우 많고 하루에 평균적으로 발생하는 이슈아이템의 수가 천 단위를 넘어선다면 성능문제를 고민해야 할 것이나 보통의 작은 조직의 경우에는 경험하지 못할 문제이므로 모든 사람에게 해당되는 큰 단점이라고 하긴 어렵다.

장점이기도 하지만 REST API 형태로 외부에 기능을 제공하는 부분에서 검색성능이 빠르지 않다는 점(500개 이슈아이템 검색 시 2초 정도 소요)은 알고 사용해야 한다.

제작사인 Atlassian이라는 회사에 대해서도 간략히 소개해 보고자 한다. 프로젝트 관리시스템인 JIRA를 필두로 하여 Git 소스코드 관리시스템인 Bitbucket(GitHub와 유사함), Wiki SW인 Confluence(이 제품도 JIRA만큼 많은 사용자를 가지고 있고 JIRA와 연동하여 사용하면 강력한 시너지 효과가 있음), 빌드/배포 관리시스템인 Bamboo, 메시징 시스템인 HipChat(Slack과 유사) 등 SW 개발에 관련되어 필요한 거의 모든 부문을 커버할 수 있는 제품군을 보유하고 있다. 회사의 현황은 아래의 그림을 참고하자.

13 **Years** of making kickass software	6 **Offices** in 5 different countries	12 **Products** in our arsenal	1,400+ **Employees** and growing daily
51,000 **Customers** using our products	200+ **T-shirts** designed & worn	$100 mill. **Donated** in Community licenses	107 **User Groups** discussing our products over pizza and beer
2 **Planets** with our software on them	1% **Donated** of all profit, employee time, and equity	2.5 **Corgis** Millie, Dawn, and Jupiter (half Corgi)	2 **Robots** created with our software

[그림 63] Atlassian사 기업현황(2016년 3월 기준)

기업 이념mission으로는 '모든 팀의 능력을 이끌어낸다 - Unleash the power in every team'이라는 생각을 가지고 있다. 회사소개의 사명에 대한 내용을 그대로 옮기니 한 번 읽어보기 바란다.

ATLASSIAN의 사명[20]

2002년 호주, 회사의 창립자인 Scott Farquhar와 Mike Cannon-Brookes는 일반적인 통념에서 벗어나 세일즈 조직이 없는 성공적인 엔터프라이즈 소프트웨어 회사를 설립합니다. 첫 번째 제품인 JIRA는 불가능할 것만 같았던 아래의 선순환이 가능함을 증명하게 됩니다. 좋은 소프트웨어를 개발하여, 적절한 가격을 산정하고, 누구든지 인터넷을 통해 이를 다운로드하여 사용해 볼 수 있게 한다면, 많은 팀이 이 소프트웨어를 원할 것이며, 그들은 이 소프트웨어를 이용하여 굉장한 것들을 만들어 낼 것입니다. 그리고 자신들이 이룩한 성공의 과정을 다른 두 명의 친구들에게 얘기해주고, 이 두 명의 친구는 또다시 이런 성공의 과정을 반복하여 네 명의 친구들이 그들의 성공을 따라 하게 될 것이라는 사실을 말입니다.

---

20 http://ko.atlassian.com/company

또한, 다음과 같은 5가지의 핵심 가치를 강조하고 있다.

투명한 회사, 헛소리는 하지 않는다 / 하나의 팀으로 플레이한다 / 진심과 균형을 담아 제품을 만든다 / 스스로 변화의 중심이 된다 / 고객을 엿먹이지 않는다

[그림 64] Atlassian의 핵심가치

기업 가치로는 2014년 기준으로 33억 달러(한화로 3조 원 이상)[21]로 기사화된 적이 있으며 호주에서 가장 좋은 직장 1위라는 위치를 수년째 이어오고 있다. 또한, 수익과 직원들 시간의 1%는 기부하고 있으며 'Room to Read'라는 저개발국가의 교육지원 프로그램에도 참가하고 있는 등 자선 활동도 활발하게 펼치고 있다.

조금 특이하게 여길 수도 있는 판매 방식을 고수하고 있는데 전혀 영업 조직을 가지고 있지 않다. 영업 조직이 없으므로 개발자를 포함한 일반 직원들이 고객 대응을 직접 한다(국가별로 재판매reseller사와 협력 관계를 맺고 있기는 하지만). 모든 판매는 웹사이트를 통해 이루어지고 사후 서비스도 웹을 기반으로 이루어진다. 영업망에 의존하기보다는 제품 자체의 경쟁력으로 승부하려는 전략을 가지고 있다. 직접 사용해 본 고객들의 입소문이 제품 판매의 결정적 요인으로 작용하고 있는 듯하다. 실제로 나도 2012년에 비즈니스 분석 전문가 교육을 들으러 갔는데 거기서 국내 굴지의 대기업에서 오신 분이 '작년에 한 일 중에 가

---

21 http://blogs.wsj.com/digits/2014/04/08/atlassian-valued-at-3-3-billion-selling-business-software-sans-salespeople/

장 잘한 일이 JIRA를 도입한 것이었다'라는 말을 주워듣고 결정적으로 JIRA에 관심이 생겼다. 실제로 사용해 보니 제품 자체에 큰 매력을 느끼게 되어 시범 서비스 적용 후 전사 확산까지 일사천리로 밀어붙였던 경험이 있다. 4년이 지난 지금 시점에도 별다른 큰 문제 없이 안정적으로 운영하고 있다.

JIRA가 실천법의 시스템 요건에 부합하는 이유

• 사용하기에 편할 것

JIRA를 사용자 입장에서 처음 사용할 경우에도 사용하기가 그렇게 어려운 SW는 아니다. 보통의 업무용 SW(특히 웹 기반 SW)를 써본 사람이라면 쉽게 적응할 수 있을 것이다. 인상적인 부분은 화면 전환을 최소화하고 있다는 점이다. 예를 들어 이슈라는 아이템의 상세 화면에서 수행자 항목을 변경하고 싶으면 '편집' 버튼을 누를 수도 있지만, 그냥 보이는 화면에서 수행자 이름을 클릭하면 사용자를 검색하는 화면이 바로 아래 표시되고 '홍길동'이라고 입력하면 마치 구글 검색이나 페이스북과 비슷하게 따라오듯이 동작한다. 요즘에는 거의 다 그런 방식으로 작동한다는 반론도 있을 수 있겠으나 실제로 사용해 보면 '사용자를 편하게 하기 위해서 이런 생각까지도 하는구나!'라는 느낌을 받을 수 있다. 특히 '도움이 필요한 곳에서 도움받을 수 있도록 한다'라는 철학이 반영된 화면들도 발견할 수 있다. 당신도 찾아보고 느껴봤으면 한다. SW는 사람이 사용하는 도구다. 사람을 최대한 배려하는 자세는 매우 중요한 덕목이다. 하지만 사람에 대한 배려를 느끼기 힘든 서비스, SW들도 많이 눈에 띄는데 그런 것들을 접했을 때는 기분이 나빠지고 불쾌해지는 느낌조차 들 때가 있다. JIRA라고 모든 사용자의 입맛에 맞을 것이라는 장담은 할 수 없겠으나 사용자를 진심으로 배려하려고 노력한다는 사실은 어떤 사람이든 느끼지 않을까 한다. 이 정도 느낌을 주는 SW를 만나기도 그리 쉬운 일은 아니다.

또한, 여러 문서와 따라하기 교육을 통해 처음 사용하는 사람들이 빠르게 적응할 수 있도록 많은 자료를 제공하고 있기도 하니 찾아보면 좋겠다.[22]

• 관리하기에 편할 것

관리자는 사용자들에게 어떻게 하면 더 쉽고 편하게 SW를 사용하게 할 것인지가 관심사이다. 한때 국가정보원의 슬로건이 '우리는 음지에서 일하고 양지를 지향한다'(1961~1998)였던 것을 들어본 적이 있는가? 내가 어렸을 적에 정확하게 몇 살이었는지는 기억나지 않지만, 어느 날 뉴스에서 얼핏 보았던 그 문구를 또렷이 기억한다. 관리자들이 이 말을 들으면 많이 공감할 수 있으리라 생각한다. 그렇다고 해서 관리자들이 국정원 요원처럼 사용자를 대상으로 공작을 한다는 의미는 아니다. 일반 사용자들은 알기 어려운 관리자들만의 세계가 있음을 강조하고 싶어서 든 비유이다.

한편으로 관리자도 SW를 사용하는 사용자이다. 다만 사용자보다 더 많은 기능을 사용하는 높은 수준의 유저이다. 관리자들은 SW의 더 깊고 더 많은 부분을 속속들이 들여다보아야 하고 때로는 공부도 해가면서 사용자들을 위해 여러 가지 설정들을 하여 더 좋은 서비스

---

22 http://confluence.atlassian.com/alldoc/atlassian-documentation-32243719.html

를 제공하기 위해 노력하는 존재이다. 당신이 일반 사용자 입장이라면 관리자의 노고를 조금이라도 알아주면 좋겠다. 위로와 격려를 받은 관리자가 일반 사용자인 당신에게 어떠한 모종의 특별한 혜택을 줄지도 모를 일이다.

관리자들은 최전선에서 SW를 사용하고 통달하는 수준까지 가는 사용자인데 이들이 SW에 대해 느끼는 감정과 사용자 경험이 매우 중요하다. 관리자가 '그다지 느낌이 좋지는 않은데 일이니까 해야겠지'라는 생각을 갖도록 한 SW는 시작부터 잘못되었다고 보아야 할 것이다. 반면에 관리자가 '처음에는 조금 생소하긴 했지만, 곳곳에 사용자들을 배려하는 모습이 보이고 내가 좌지우지 할 수 있는 여지도 많이 만들어 놓았구나'라는 생각을 하게 만드는 SW는 첫 단추를 잘 끼운 것이다. 나의 주관적인 판단으로 JIRA는 후자였다. 업무상 여러 서버 SW를 관리하고 사용해 본 경험이 있어서 SW 관리는 괴로운 것, 힘든 것이라는 생각을 갖고 있던 나에게 JIRA는 그때까지 경험하지 못한 좋은 의미의 신선한 충격을 안겨주었다. 무슨 서버 SW라는 프로그램이 설치도 정말 간단했고(윈도우에서 보통 프로그램 설치하듯이 인스톨러 실행시켜서 다음 버튼만 눌러가면 끝난다. 중간에 DB 설정하는 부분이 있기는 하지만 이 정도는 관리자 입장에서 보면 '누워서 떡먹기'다), 설치 후 시스템 설정 과정도 잘 준비된 문서들을 보고 따라 하니 금세 적응할 수 있었다. 문서들은 아쉽게도 영어로 된 자료가 거의 대부분이다. 한국 Atlassian 측에서 이 부분에 대해 많은 활동을 보여주길 기대한다.

만일 당신이 JIRA 이외의 프로세스를 구현하는 SW를 사용한다면 관리 편의성도 반드시 살펴보길 바란다. 사용자도 편하고 관리자도 편하게 사용할 수 있어야 진정으로 좋은 SW이다.

• 칸반을 제공할 것

실천법에서는 시스템화에서 칸반을 사용하도록 강력하게 권하고 있다. 나는 칸반이 프로세스상에서 생성되는 데이터를 가장 잘 관리할 수 있는 방법이라고 진심으로 믿는다. 나중에 더 좋은 방법이 분명히 나올 수도 있겠으나 지금 당장 수중에 넣을 수 있는 방법 중에서는 제일 낫다고 생각한다. 보기에 따라서는 BPM에서 제공하는 UI가 가장 적합하다고 느낄 수도 있겠지만 여기서는 JIRA에 대해서 이야기하고 싶다. '프로세스를 손으로 만지게 하라'라는 시스템화의 목표를 진짜로 현실화시켜주는 것이 바로 칸반이다. 시스템은 칸반을 제공하는 SW를 선택하도록 해야 한다.

JIRA는 기본적으로 애자일 방식으로 프로젝트를 관리하는 도구로 칸반 기능을 제공한다. 처음부터 칸반 기능을 가진 것은 아니었고 3rd party 플러그인이었던 green hopper의 제작사를 인수해서 JIRA의 기능으로 포함시키고(JIRA agile이라고 불렀다) JIRA 7.0버전으로 올라오면서 JIRA 자체를 3개의 별도의 제품으로 분리(JIRA software, JIRA service desk, JIRA core)하면서 생긴 JIRA software가 기본적으로 포함하는 기능이 되었다.

• 유연함을 가지고 있어 어떤 업무라도 맞출 수 있을 것

시스템화 단계에서 사용할 SW는 유연함을 가지고 있어야 한다. 유연함이란 데이터를 구성하는 아이템 유형(JIRA: issue type), 세부 속성(JIRA: field), 화면 구성(JIRA: screen), 업무 흐름(JIRA: workflow)을 관리자가

프로그래밍이 아닌 UI를 통해 정의할 수 있어 회사마다 다른 고유의 업무 환경에 맞출 수 있음을 의미한다.

보통 큰 규모의 회사들은 ERP라는 전사적 자원관리 시스템을 통해 업무 과정에서 발생하는 데이터를 처리하고 분석한다. 이런 시스템은 가격도 비싸고 사용하려면 전문가들을 통해 컨설팅을 받아야 하고 SI 회사에 프로젝트를 발주해서 시스템을 도입해야 한다. 프로젝트를 발주하기 때문에 당연히 자신의 회사의 업무에 맞춘 요구사항을 제시하고 SI 프로젝트 수행사는 요구사항에 맞추어 시스템과 SW를 납품하니 사내의 조직에서 직접 업무를 구현할 필요가 없다.

이 책에서는 큰 규모가 아닌 10~500명 수준의 조직에서 프로세스를 도입하는 경우의 실천법을 다루고 있다. 그래서 관리자는 직접 업무 내용을 시스템화해야 하는 상황이다. JIRA는 앞서 언급한 유연함의 조건을 모두 가지고 있다. 사실을 고백하자면, 나 자신이 SI 개발자였고 유연함을 제공하는 SW를 경험해 본 적도 없었기 때문에 조직별로 고유한 업무에 맞추기 위해서는 프로그래머가 직접 만드는 수밖에 없다고 생각하고 있던 사람이었다.

그래도 다행히 개발에서 PI/QA로 업무 전환을 한 덕택에 JIRA를 알게 되었고 세상에는 유연함을 제공하는 SW도 있다는 사실을 알게 되었다. 유연한 SW가 없는 이유를 추측해 보면, 우선 개발자들 입장에서는(특히 SI) 그렇게까지 유연한 기능을 제공할 필요가 없이 그냥 만들어 주면 되기 때문이 아닐까 한다. 고객에게 기능을 설명해주는 것도 어떻게 보면 귀찮은 일인데, 고객이 다룰 수 있는 폭을 넓게 해주면 여기저기서 폭탄(고객의 추가 요구사항)이 터지는 상황이 '안봐도 비디오'

로 눈에 선하기 때문에 아예 엄두를 못 낸다고 보는 것이 맞지 않을까 한다.

Atlassian은 처음부터 입장이 달랐다. 실리콘밸리가 아닌 호주 시드니에서 창업했고 영업을 따로 하지 않는 전략을 가지고 있었기 때문에 철저하게 제품의 기능으로 승부할 수밖에 없는 상황이었다. 고객을 일일이 찾아다닐 수가 없었기 때문에 최대한 문서를 자세하게 작성해서 제공하고 웹을 통해 사후 서비스를 불편 없이 받을 수 있도록 체계를 갖추는 방향을 고민했다고 한다. 그들은 고객이 다룰 수 있는 범위를 넓히고 UI를 통해 설정이 가능하도록 만들었다. 보통의 SW 개발회사에서 생각하는 수준을 넘어 '고객이 스스로의 힘으로 알아서 사용하는 SW!'가 Atlassian의 목표가 아니었을까? 그것을 가능하게 하기 위한 모든 수단을 제공하려고 했던 노력이 JIRA가 유연함이라는 가장 강력한 비교 우위를 가질 수 있었던 근본적인 이유라고 생각한다. 조금 더 자세한 내용은 나의 블로그에 올린 글[23]을 참고해주면 좋겠다.

• raw data를 입력/출력 가능할 것

시스템화를 구현하는 SW는 raw data를 입력import하고 출력export할 수 있어야 한다. raw data란 문자 그대로 날 것인 데이터로 데이터베이스DB에 저장되는 수준의 데이터를 의미한다. JIRA의 issue type을 예로 들어보면 필드로 가진 summary, updated, created, assignee, creator, description 등을 엑셀xsl이나 csv 형식으로 바꾸어 그대로

---

23 http://deprogworks.blogspot.kr/2016/03/blog-post.html

다운로드하는 기능을 제공한다. 다운로드받은 파일을 열어보면 필드에 내용이 모두 채워져 있는 것을 볼 수 있다. 이렇게 받은 파일을 가지고 다양한 관점의 차트를 그려본다든지 파워포인트 보고서에 넣는다든지 하는 분석도 가능하다. 말 그대로 하고 싶은 대로 가져다가 쓰면 된다. 다른 SW들에서도 csv export는 지원하지만(특정 부분의 데이터만으로 한정됨) SW가 가진 데이터에 대해 자유롭게 거의 전부 export할 수 있는 SW가 과연 몇이나 되는지 되묻고 싶다.

거기서 한 발 더 나가서 JIRA는 REST API를 통해 외부 인터페이스를 제공해서 실시간으로 데이터를 빼내거나 집어넣는 방법을 제공한다. 최근의 SW나 서비스가 많이 제공하는 기능이라 별다르지 않다고 생각할 수도 있겠지만, API를 매우 충실하게 제공하고 있고 오히려 너무 과분해 보이기까지 한다. JIRA는 정말로 개방적open이라는 것을 사용해보면 많이 느낄 수 있다.

최근에 내가 경험한 사례를 공유해 보도록 하겠다. 내가 일했던 회사에서는 관리되는 프로젝트마다 프로젝트 코드를 부여하고 개발자들은 본인이 일한 시간을 프로젝트 코드별로 입력하도록 하고 있다. 일일 보고는 따로 하지 않는다. 그렇게 하는 목적은 프로젝트별로 투입되는 개발자의 시간Man-Month을 정확하게 파악하고자 함에 있다. 매달 초에 프로젝트별 리소스 투입 현황 보고를 해야 하는데 미처 입력하지 않은 사람도 있기 때문에 입력 요청을 하기도 해야 하고 비용 관리 부서에 보고서를 보내주기도 해야 한다. 처음에는 엑셀을 그대로 활용했다. 엑셀형식으로 리소스에 대한 raw data를 export해서 피벗 테이블을 통해 데이터 가공 작업을 하여 각각의 목적(미입력자 공지, 프로젝트별 리소스 투입실적)에 맞는 형식의 자료로 만들어 냈다. 그러나 엑셀 가공방식은 수작업을 수반해서 매달 고정적으로 작업하는 시간이 필요했다. 수작업을 피하기 위해 실시간으로 JIRA에서 받은 데이터를 웹을 통해 확인하는 기능을 만들어서 리포팅을 요청한 팀에 제공함으로써 수작업으로 하던 불편함을 없앴고 최신 데이터를 바로 확인하는 것이 가능하도록 개선할 수 있었다.

• 프로세스 관련 데이터를 시각화할 것

쌓인 데이터를 시각화하는 기능 또한 반드시 필요한 기능이다. 시스템화를 통해 데이터를 쌓기만 하고 분석하지 않으면 시스템화를 하는 의미가 없다. 시스템화의 궁극적인 목적은 프로세스 수행 과정에서 발생하는 데이터들을 분석하여 통찰을 찾아내어 더 나은 방향으로 개선하는 데 있다. 시각화해서 프로세스 자체를 보는 것만으로도 의미가 있었던 것처럼 시스템화에서 발생한 데이터도 분석적 관점에서 바라보아야 한다. 여러 차트들과 표들을 보고 있으면 자연스럽게 문제점이 도출되고 잘하고 있는 부분과 잘못하고 있는 부분이 숫자로 드러나게 된다. 숫자로 드러나면 개선 활동을 한 후 개선되었음을 확인하는 일이 어렵지 않다.

JIRA는 대시보드 기능으로 데이터 시각화를 지원하고 있다. 사용자별로 대시보드를 생성해서 필요한 형태로 가젯을 통해 차트나 표로 데이터를 표현한다. 단을 3개까지 나누어서 볼 수도 있고 TV 같은 대형 화면에 표시하기 편하도록 월보드 기능도 제공한다.

JIRA 설치와 일반적인 사용방법

'2부 시스템화의 구현하라' 단계에서 넘어갔었던 JIRA 설치와 일반적인 사용방법에 대해 설명한다.

1. 사용할 JIRA 서버 준비

들어가기에 앞서 몇 가지 사전 준비가 필요하다. 당연하겠지만 일단 JIRA가 설치된 환경이 있어야 한다. 당신이 서버 프로그램에 대한 설치 경험이 있다면 직접 할 수 있겠으나 경험이 없다면 서버 프로그램을 설치할 줄 아는 사람의 도움을 받아야 한다. 보통 소프트웨어 개발자나 IT 인프라 관리를 담당하는 사람이라면 충분히 도움을 받을 수 있다.

Atlassian 클라우드 환경을 사용해도 되고(이 경우 사용자 등록만 마치면 곧바로 사용할 수 있게 된다), 직접 보유한 서버에 standalone 버전을 설치해도 된다. PC 사용자라면 그냥 쓰고 있는 노트북이나 데스크톱에 설치하면 된다. JIRA의 설치는 인스톨러 방식으로 제공하고 있으므로 매우 쉽게 설치할 수 있다.

Standalone 방식으로 설치하는 경우 JIRA가 기본적으로 제공하는 DB를 사용할 수도 있지만, 별도의 DB를 따로 설치하기를 권한다. MySQL의 후신인 MariaDB나 PostgreSQL 같은 안정성이 있으면서도 무료로 사용할 수 있는 DB가 있으니 둘 중 하나를 고르면 되겠다. 참고로 나는 PostgreSQL을 주로 사용하는데 지금까지 설치한 수많은 JIRA, Confluence에서 DB 관련 문제를 겪은 적이 없었다. 이는 사용자 100명 이하 환경에서 PostgreSQL도 괜찮은 선택이라는 것이니 무료라고 걱정할 필요는 없다. 요즘에는 오픈소스를 통해 너무나 좋은 소프트웨어를 무료로 사용할 수 있어 좋다. 오픈소스 참여자들에게 무한한 감사를 표하고 싶다. 언젠가는 나도 어떤 프로젝트가 될지는 모르겠지만, 오픈소스 커뮤니티에 기여하고 싶은 마음을 갖고 있다.

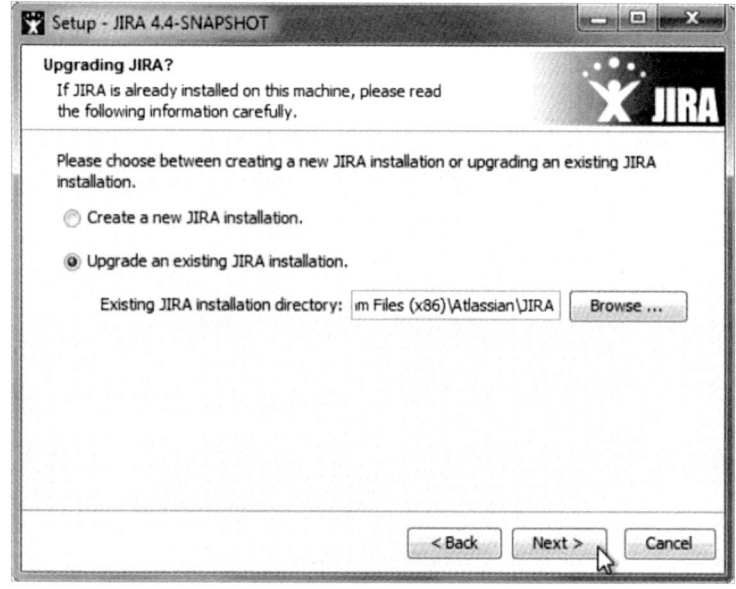

[그림 65] JIRA 윈도우 버전 인스톨러 화면

한 가지 더 덧붙이자면, JIRA 자체는 자바 플랫폼 위에서 Tomcat 으로 동작하지만 JIRA 설치에 앞서 자바를 설치할 필요가 없다. JIRA가 자체적으로 자바 프로그램을 가지고 있어(정확하게는 JRE를 내장함) 따로 설치할 필요가 없다.

JIRA를 설치하려는 사용자는 그저 DB를 먼저 설치한 후 DB 사용자 계정과 JIRA가 사용할 데이터베이스만 만들어 둔 뒤 JIRA 인스톨러를 실행시키면 된다. 인스톨러를 통해 설치가 완료되면 자동적으로 JIRA 서버 프로그램이 시작되면서 브라우저가 뜨는데 초기 설정

과정에서 DB 관련 정보 설정하는 부분이 나오면 미리 만들어 두었던 DB 사용자, JIRA가 사용할 데이터베이스 이름 등의 정보를 입력하면 JIRA 설치가 끝난다. 여타 다른 서버 프로그램을 설치하는 복잡하고도 짜증나는 작업에 비하면 훨씬 수월하게 설치할 수 있다. 실제로 나는 처음 JIRA를 설치했을 때 '이게 끝이야? 정말로? 이렇게 쉽게?'라고 생각했던 기억이 있다.

이 책을 쓰면서 나는 처음으로 AWS 상에 가상 머신을 만들고 JIRA를 설치해 보았다. AWS에서 1년간 제공하는 Free Tier를 사용해 봤는데 기본 사양이 매우 낮음에도 불구하고 동작 자체는 가능함을 확인하였다. 기본 사양에 대한 정보는 AWS 사이트 자체에서도 찾을 수 있겠으나 알려주자면 CPU 1 Core, RAM 1GB, HDD 30GB이다. 설치해보니 RAM이 가장 병목이 되는 것으로 보인다. 혼자서 사용하는 용도로는 조금 갑갑하고 느리기는 해도 사용할 만하다는 판단은 하고 있으나 5명 정도 이상 사용해야 한다면 가상 머신의 성능을 더 높여야 한다.

AWS Amazon Web Services를 사용한 이유는 JIRA Server standalone를 사용하고 싶기 때문이다. JIRA Cloud 버전도 있지만 쓸만하고 좋은 플러그인add-on은 Cloud를 지원하지 않는 것이 많은 상황이다. 날로 발전하고 있는 플러그인 생태계의 혜택을 제대로 맛보기 위해서는 JIRA Server 버전을 사용해야 한다. 책에 들어갈 화면만을 추출하고 버릴 생각이 없고 개인 데이터 관리 용도로 활용할 생각이기 때문에 여러 플러그인을 사용할 수 있는 JIRA Server가 필요했다.

2. JIRA 사용자 기본사용법 습득

이슈생성/편집/삭제, 이슈 검색, 대시보드 사용, 간반 사용

당신이 JIRA에 대한 경험이 전혀 없는 상황이라면 기본적인 사용자로서 JIRA를 사용하는 방법부터 익혀야 한다. 구체적이고 자세한 내용은 『JIRA 시스템 구축과 활용』이라는 번역본이 나와 있으니 참고하도록 하자. 여기서는 JIRA의 모든 기능을 자세히 설명하지 않고 프로세스를 만들어 내는 부분과 관련된 내용만을 추려서 언급하도록 하겠다.

JIRA가 설치되었고 접속하여 로그인에 성공하면 다음과 같은 화면을 만나게 된다.

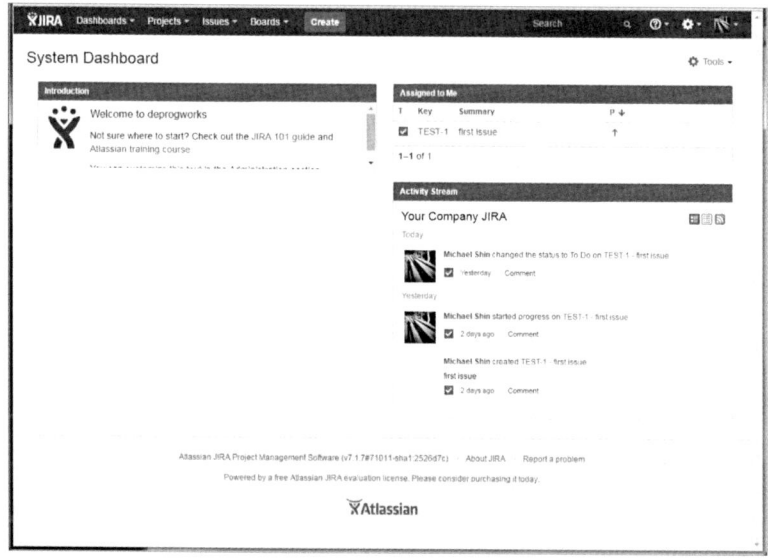

[그림 66] 시스템 대시보드 화면

대시보드는 JIRA 내에 저장된 이슈라고 부르는 데이터 아이템들을 이런 관점 저런 관점으로 바라볼 수 있는 틀을 제공해 준다. 예를 들어 개인 독서 관리를 JIRA에서 한다고 가정하면 이미 JIRA에 저장된 읽은 책에 대한 데이터나 읽을 책에 대한 데이터를 차트로 뽀여주는 것이 가능하다.

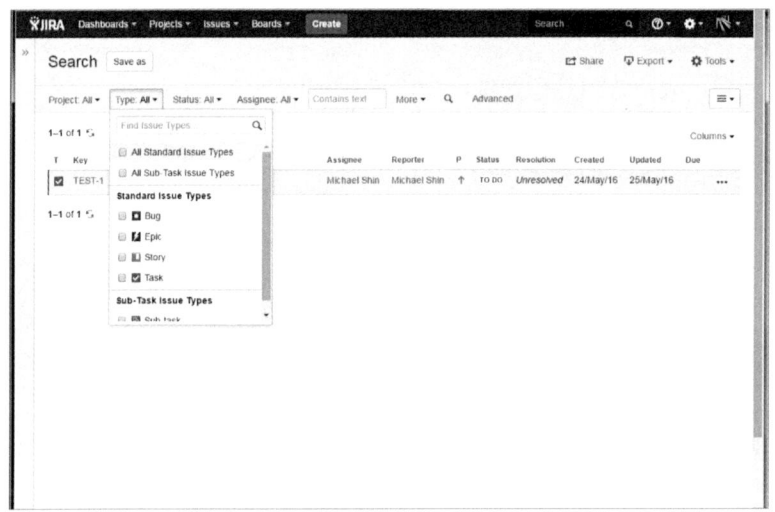

[그림 67] 이슈검색

JIRA에 저장된 기본 데이터 형태인 이슈타입으로 생성된 아이템을 검색할 수 있다. 필터라는 조건으로 따로 저장할 수도 있으며, 다른 사람과 공유(대시보드 가젯을 위해서)를 해야 할 경우도 있다. 필터를 설정하는 방법은 Basic, Advanced 두 가지 방법이 제공된다. Basic은 UI를 통해 직관적으로 데이터의 필드별로 쉽게 검색하는 방법을 제공하고 Advanced는 JQL이라는 JIRA에서 사용하는 이슈를 검색하기 위한 검색언어(DB의 SQL과 유사)를 사용하여 직접 타이핑해서 검색할 수 있게 해주는 기능이다. 키워드들을 끝까지 입력하지 않아도 똑똑하게 추천하는 내용들이 바로 아래에 표시되니 타이핑 한다고 해도 그리 어렵지는 않다. 추후 REST API를 통해 외부에서 JIRA에 데이터 검색을 할 경우에 사용하게 되므로 사용법을 파악해 두는 것이 좋다.

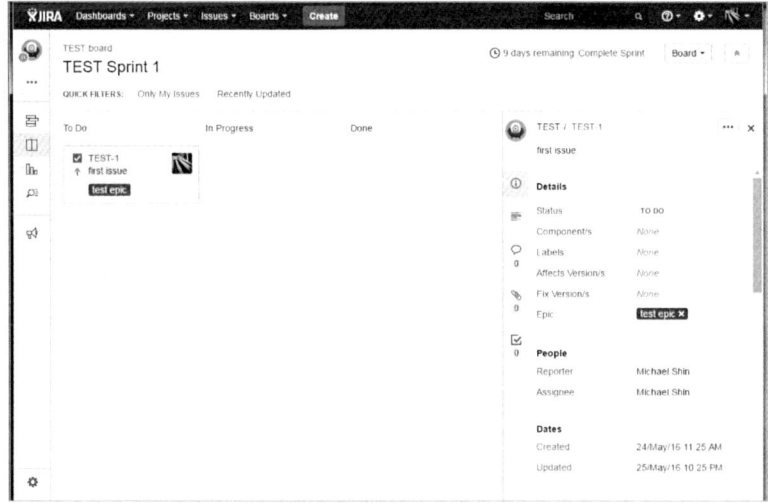

[그림 68] 칸반 화면

실천법에서 '2단계 시스템화'의 '구현하라'에서의 핵심을 이루는 칸반 화면이다. 칸반을 통해 직관적으로 쉽게 프로세스를 운영할 수 있다. 2부에서의 설명을 통해 드래그 앤 드롭으로 상태를 옮기면서 사용한다는 점은 이미 경험했을 터이다.

3. JIRA 관리자 기본사용법 습득

프로젝트, 이슈, 애드온, 유저관리, 시스템

실천법의 '2단계 시스템화'를 이루기 위해서는 JIRA 관리자 기능을 반드시 잘 이해하면서 자유자재로 다루는 수준까지 도달해야 한다.

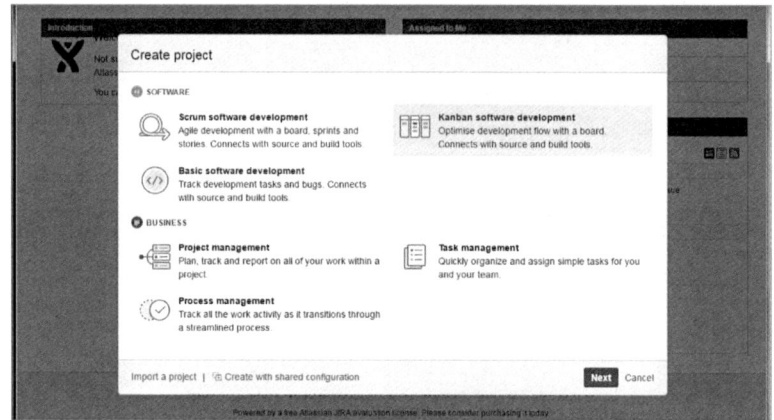

[그림 69] 새 프로젝트 생성

프로젝트를 생성해 보자. JIRA 메인메뉴에서 Projects를 선택하면 새 프로젝트를 만들 수 있다. 칸반 개발 이외에도 다양한 프로젝트의 유형 선택이 가능하다. 프로젝트의 유형별로 디폴트로 사용할 수 있는 이슈타입의 종류가 달라지고 자연히 이슈타입이 타고 흐르는 워크플로우도 달라진다.

[그림 70] 프로젝트 유형에 따른 이슈타입과 워크플로우

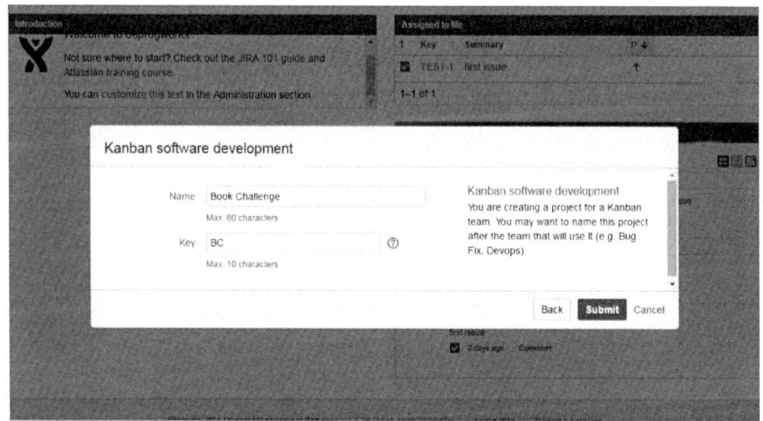

[그림 71] 프로젝트 이름 입력

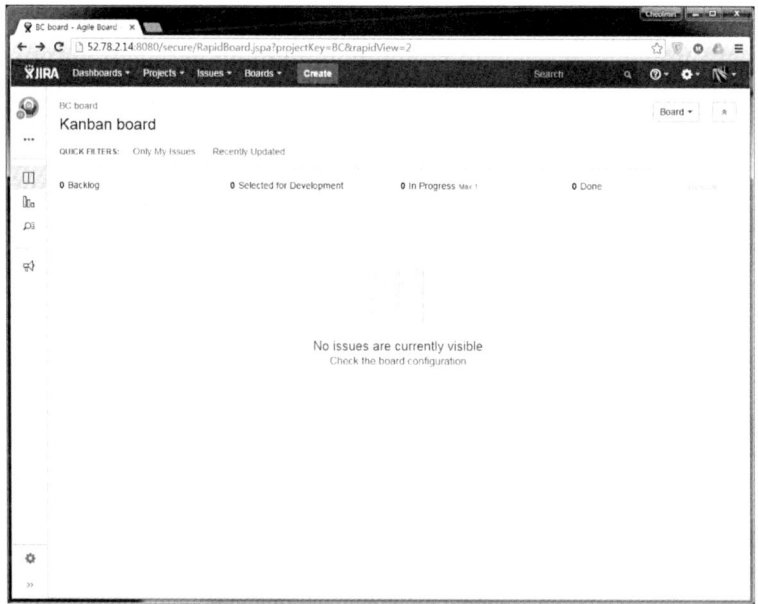

[그림 72] 새롭게 생성된 프로젝트와 칸반

관리자가 사용하는 관리화면을 살펴보도록 하자. 화면 상단 오른쪽 구석에 톱니바퀴 모양의 아이콘을 누르면 관리자 설정으로 진입한다.

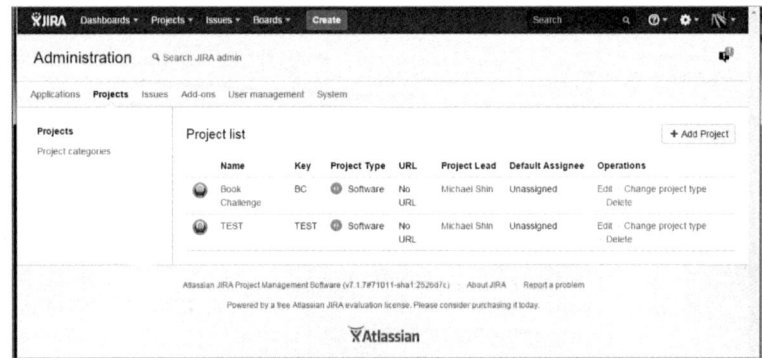

[그림 73] 관리자 - 프로젝트 관리 화면

프로젝트 설정화면에서는 프로젝트의 이름을 바꾸거나 프로젝트 카테고리를 바꾸는 것이 가능하다. 프로젝트 목록의 각 프로젝트의 링크를 클릭하면 해당 프로젝트의 관리화면으로 바뀐다. 프로젝트 관리화면은 2부에서 시스템화 과정에서 프로젝트 설정하는 화면과 동일하다.

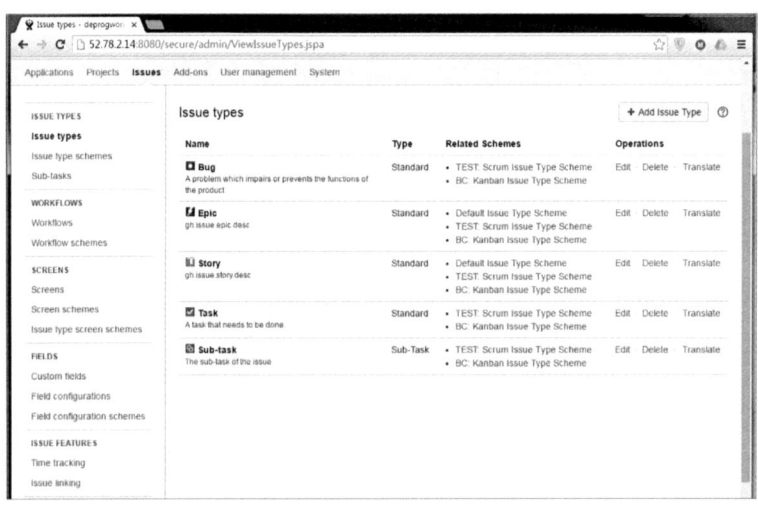

[그림 74] 관리자 - 이슈관리 화면

이슈관리화면이 아마도 관리자가 가장 많이 사용하는 기능일 것이다. 여기서는 JIRA를 관리자가 입맛대로 맞출 수 있는 보물과도 같은 기능들이 모여 있는 곳이다. 이슈타입, 워크플로우, 스크린, 커스텀 필드를 만들고 수정할 수 있는 메뉴가 준비되어 있다. 하단의 이슈 속성 issue attributes에서는 워크플로우에서 사용하는 상태status와 각 이슈타입의 해결유형resolution, 우선순위priority를 설정할 수 있고 이슈보안스킴, 알림스킴, 권한스킴도 설정할 수 있는데 프로젝트 관리화면에서 3가지 스킴을 적용하게 된다.

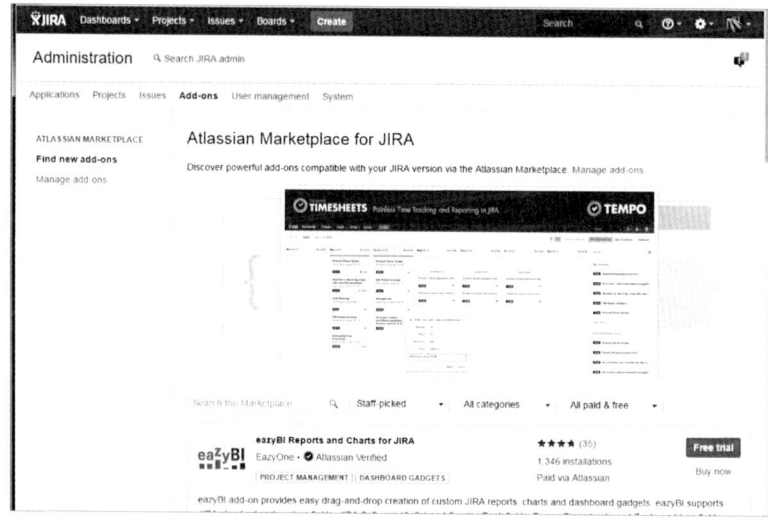

[그림 75] 관리자 - 플러그인 관리add-on화면

JIRA가 기본 기능만으로도 괜찮게 쓸 수가 있고 실제로 많은 JIRA유저들이 기본 기능만 사용하는 경우가 많다. 그러나 플러그인을 설치하면 JIRA에 좀 더 쉽게 강력한 기능들을 추가할 수 있다. Atlassian에서도 생태계를 조성하기 위한 노력을 많이 하고 있어서

3rd party 개발사들이 플러그인들을 제작하여 Atlassian Marketplace를 통해 수익을 올리고 있다. 플러그인 관리화면에서 수많은 플러그인을 설치할 수 있으며, 각 플러그인의 설정도 이곳에서 하게 된다.

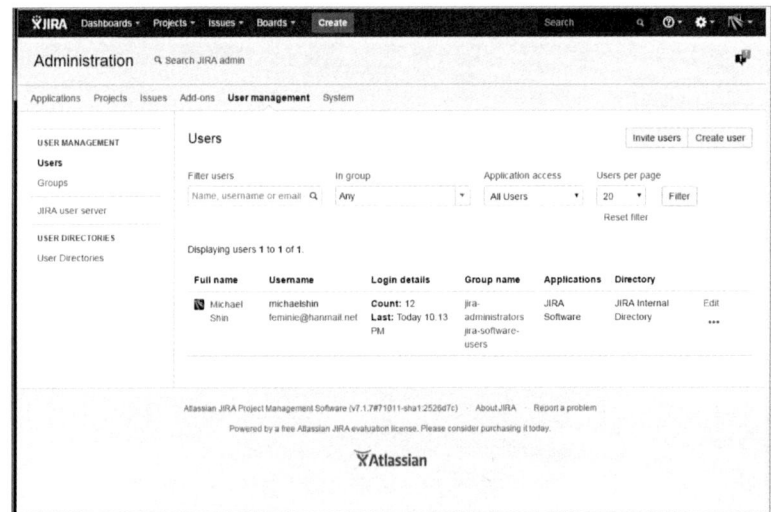

[그림 76] 관리자 - 사용자 관리 화면

JIRA를 사용할 사용자들을 관리하는 화면이다. 사용자 추가/수정/삭제가 가능하고, 그룹도 마찬가지로 추가/수정/삭제가 가능하다. 그룹을 잘 관리해야 할 필요가 있는데 사용자가 많은 경우에 공개 권한을 설정하는 부분에서 그룹에 할당하기 때문이다.

사용자를 삭제하는 경우 주의가 필요한데, 삭제하려면 그 사람이 만든 모든 아이템을 먼저 삭제해야 하는 제약이 있다. 나의 경우 비활성으로 변환해 두는 것으로 이 제약을 회피하고 있다. 사용자를 비활성 시키면 JIRA 라이선스에 해당되지 않게 되므로 접속을 막으면서도 과거에 생성된 이슈아이템을 보존할 수 있다.

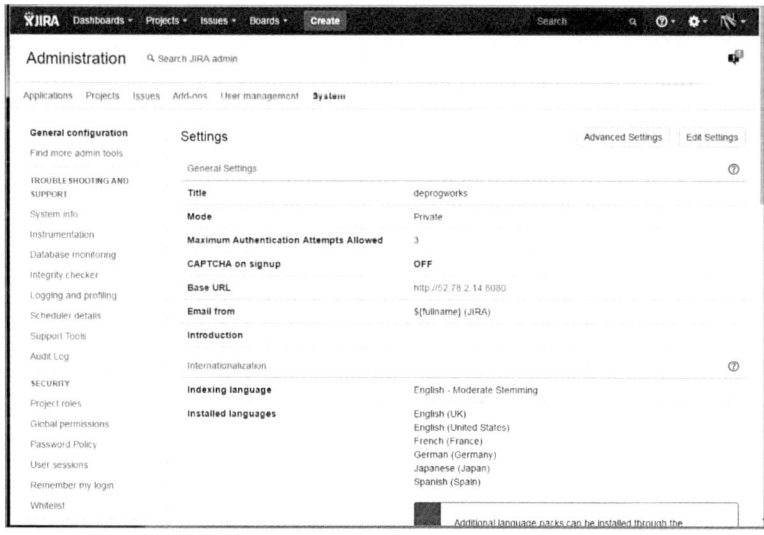

[그림 77] 관리자 - 시스템 정보 화면

시스템 정보화면은 JIRA의 전체적인 외관에 대한 설정과 운영하는 서버의 상태, JIRA가 사용 중인 DB의 정보나 JIRA 로그에 대해 설정도 할 수 있다. 기능이 너무 많아 일일이 다 설명하기는 어렵고 시간을 내어 각각의 기능을 파악하는 시간을 투자하도록 하자.

특히 Look and Feel 쪽의 날짜 형식 설정이 화면에 표시될 때 직접적으로 영향을 주는 부분이다. JIRA의 디폴트 설정은 미국에서 사용하는 날짜 형식으로 맞추어져 있어 익숙하지 않다. 한국에서 사용하는 날짜형식으로 바꾸려면 이 부분의 설정을 바꾸어 주어야 한다.

Date/Time Formats

Documentation on date/time formats can be found online.

Time Format	**HH:mm:ss** E.g. 12:55:47
Day Format	**EEEE HH:mm:ss** E.g. Wednesday 12:55:47
Complete Date/Time Format	**yyyy-MM-dd HH:mm:ss** E.g. 2007-05-23 12:55:47
Day/Month/Year Format	**yyyy-MM-dd** E.g. 2007-05-23
Use ISO8601 standard in Date Picker Turning it on will cause Monday to be the first day of week in the Date Picker, as specified by the ISO8601 standard	**No**

[그림 78] 날짜형식 변경

9. 실천 사례를 자기 것으로 만들어라

새로운 분야나 SW에 대한 교육을 받을 때 머릿속에 떠오르는 생각은 '그래, 이제 기본적인 내용은 이해하겠다. 그래서 현실에 적용해 본 사례는 있나? 정말 효과가 있는 것인가? 실제 사례를 좀 봤으면 좋겠다라는 생각이다. 이론과 실제는 많이 다르다는 인식이 뿌리 깊게 박혀 있기 때문인지 이런 생각이 자꾸만 든다.

이제 앞서 설명한 프로세스의 구현 방법과 대응하여 실제 상황에서 JIRA에 프로세스를 시스템화한 나의 경험에 대해 이야기해 보도록 하겠다. 원래는 프로세스 구현 방법이 먼저 있지 않았다. 지식, 원리, 원칙 무엇 하나 없는 상태에서 좌충우돌해가며 한 걸음씩 앞으로 나아갔던 경험을 통해 지금 뒤돌아보니 그런 방법으로 했더라면 더 빨랐을 것으로 생각하는 내용들을 모아 체계화했을 뿐이다. 나는 비록 많은 시간과 노력을 들어 여기까지 왔지만, 이 책을 손에 잡은 당신은 그런 과정을 짧고 효율적으로 넘어갈 수 있도록 도움을 받을 수 있었으면 한다.

사전준비

JIRA 기본사용법 습득

처음으로 시스템화를 해야 하는 시점이었던 3년 전으로 돌아가 본다. JIRA에 대해 교육에서 얼핏 좋다는 소리를 듣고 온 나는 우선 JIRA에 대한 조사를 하고 실제로 1개월간 무료로 사용할 수 있는 트라이얼 버전을 설치했다. 요즘 SW나 서비스(특히 클라우드에서 동작하는 SaaS)들은 한 달은 무료로 사용해보라고 하거나 적은 수의 사용자만을 대상으로 아예 서비스를 무료로 하는 경우가 많이 늘어났다. 상용 라이선스를 파는 제작사 입장에서는 제품에 대단한 확신이 없으면 펴기 어려운 전략이다. 보통 나의 경우에는 업무에 사용할 SW 제품을 도입하기 위한 조사를 해 보면 브로서 정도만 얻을 수 있고 실제로 시험 삼아 사용 가능한 SW는 찾기가 어려웠다. 그런데 JIRA는 무슨 배짱인지 한 달은 그냥 쓰도록 하고 있었다. 게다가 기능 제한도 걸려 있지 않았다. 해보고 싶은 것은 무엇이든 해볼 수 있었는데, 아마 JIRA를 만든 Atlassian사에서는 이렇게 생각하고 있는 것이 아닐까 한다. '한 번 써보면 계속 쓰고 싶어질 거야!' 제품에 대한 굉장한 자신감인데 나에게는 그 전략이 제대로 적중했다. 막상 써보니 단순하면서도 유연하고 관리자 입장에서도 관리하기가 매우 쉬웠으며 설치도 굉장히 쉬웠다. 고객에게 불필요한 일을 시키지 않겠다는 그들의 의지를 느낄 수 있었다.

그렇게 초기 적응 기간을 가지며 JIRA의 기본적인 사용법을 익혔다. 기본적으로 JIRA는 이슈 또는 티켓이라고 부르는 아이템을 중심으로 동작하는데, 다른 이슈관리시스템들과 언뜻 보면 비슷하면서도 실제 사용해보면 상식적으로 동작해 주면서도 사용하기 편하다는 느낌을 받게 된다. 특히 나는 이슈를 검색하는 과정에서 advanced 모드(Database에서 사용하는 SQL 구문과 비슷한 JQL 언어라는 것을 사용할 수 있음)가 있는 것이 새로워 보이면서도 친숙했다. 그리고 대시보드를 사용자 마음대로 만들어서 자신이 원하는 데이터만 볼 수 있도록 하는 점도 마음에 들었다. 기본적인 사용법을 익히는 데는 보름 정도면 충분했다.

JIRA 관리자 사용법 습득

그런 다음 관리자 입장에서 업무를 JIRA에 구현하기 위한 관리자 기능에 대해 파악하기 시작했다. 관리자는 사용자 관리, 프로젝트 관리, 이슈/커스텀 필드/스크린 관리, 워크플로우 관리, 칸반 관리 기능을 통해 업무를 구현하게 되는데 실제는 각 기능 간의 연관성을 이해해야 원하는 모습으로 만들 수 있었다. 이슈/커스텀 필드/스크린 관리가 연관성을 이해하기가 쉽지 않았는데 경험의 시간이 쌓이니 자연스럽게 이해되었다. 처음에는 워크플로우 관리가 굉장히 어려울 것이란 두려움 때문에 2~3개월 동안은 건드릴 엄두가 나지 않았었는데 막상 마음 단단히 먹고 파고 들어가 보니 이것도 그리 어렵지 않게 사용할 수 있었다. JIRA 관리에서 가장 어렵다고 생각하는 부분이 워크플로우 관리인데 이것조차도 그리 어렵지는 않으니 JIRA의 전체적인 관리 난이도가 낮다고 볼 수 있겠다. 관리자 입장에서 적응하기까지는 2~3개월 정도 걸렸던 것으로 기억한다. 나의 경우에는 다른 업무의 방해 없이 JIRA를 파악하기 위해 전력투구할 수 있는 시간이 보장되었기 때문에 그 정도 시간이 걸렸다고 생각한다. 만일 당신이 개발 업무도 하면서 틈틈이 프로세스 시스템화를 위한 활동의 일환으로 JIRA에 대해 파악하는 경우라면 시간이 나의 경우보다 더 소요될 수 있음을 감안하도록 하자.

JIRA에 대한 파악이 끝난 후 실제 업무를 구현하기 위한 작업에 들어갔다. 유상 유지보수 업무를 프로세스화의 대상으로 삼았다. 실천법이라고 이름 붙이기 이전에 했던 활동이었다.

1단계 시각화

들어라

실제 업무를 어떻게 진행하고 있는지 어떤 어려운 점들이 있는가에 대하여 관련자들에게 직접 가서 이야기를 들었다. 파악해 보니 아래 그림과 같이 고객에게서 요구사항을 듣고 와서 파워포인트나 워드 문서로 작성하고 각 아이템은 엑셀로 관리한다고 했다. 형상관리시스템에 업로드해서 공유하기는 하는데 개발을 모르는 영업 쪽에서는 사용법을 몰라서 매번 자료요청이 올 때마다 개발 쪽에서 영업에게 이메일을 보내준다고 했다. 일반적으로 업무 수행하는 방법이 다 이 상태와 비슷하지 않을까 한다. 실천법을 따라 프로세스 관점에서 개선하기 이전의 상황이었다.

MSSR 요구사항

요구사항 명	생산 조립검사 현황판			
구 분	접수자 정보		고객 정보	
이름	홍길동		김철수	
회사(부서)	고객대응팀		ABC전자	
연락처	010-1234-5678		010-1111-2222	
메일	hong.gildong@mirero.co.kr		kim.chulsoo@abc.co.kr	
개발 구분	초기 요구 사항	접수일	2014.01.03	유.무상	유상

[요구사항 - 1차]
1. 생산 공정의 원활한 진행을 위해서 생산 준비에서부터 생산 완료
   그리고 생산 결과를 쉽고 빠르게 사용자가 모니터링 할 수 있다.
2. 생산 공정에서는 조립검사와 출하판정용 위한 검수를 실시한다. 이 요구사항에서는 조립검사만은 대상으로 한다.
3. 생산 루트는 조립검사 전 검사 checklist 유무가 표시될 수 있어야 한다.
4. 조립검사 후 루트의 정상/비정상 결과 값, 재검사 여부 등이 표현되어야 한다.
5. 루트의 조립검사 진행 중 사무실 엔지니어와 생산 라인 작업자 간 작업에 대한 내용이 공유될 수 있어야 한다.
   - 작업 내용은 사전에 약속된 정보이다. (예를 들어 조립검사 checklist 유무, 다음 작업 사항 등)
6. 사무실 엔지니어는 작업 지시 내용 및 기타 필요한 정보를 현황판을 통해서 생산 라인 작업자에게 전달 할 수 있어야 하고
   생산라인 작업자 또한 필요한 업무 내용을 사무실 작업자에게 현황판을 통해서 전달 할 수 있어야 한다.

리포트No	ITEM	MSSR번호	고객사 회사명	고객사 담당자	상태	수행자	주간실적	접수일	제안공수 (M/D)
123	생산조립검사 현황판	MSSR-2014-ABC-001	ABC전자	김철수	접수완료	최영회	분석완료	2014-01-03	10

[그림 79] 프로세스 개선 이전에 사용하던 요구사항 기술 문서와 요구사항 처리 관리 문서
(정보 보호를 위해 데이터를 마스킹했다)

표현하라

BPMN에 대한 내용은 프로세스 개선 작업 이전에 이미 습득했기 때문에 즉시 프로세스 모델을 그릴 수 있는 상태에서 출발했다. 아래 그림은 당시 관련자에게 들은 내용을 바탕으로 맨 처음 작성한 BPMN 프로세스 모델이다. 너무 곧이곧대로 표현해야 한다고만 생각해서 작성한 나조차도 이해하기 어려운 그림을 그려버리고 말았다. 넓은 프로세스의 공간을 채워야 한다는 강박감과 사람들에게 들었던 내용을 빠짐없이 반영해야 한다는 의무감이 이런 참담한 결과를 만든 원인이 아닐까 하고 많이 반성했다. 무조건 복잡하게 표현하는 것이 능사가 아니다. 핵심만 남기는 것이 중요하다.

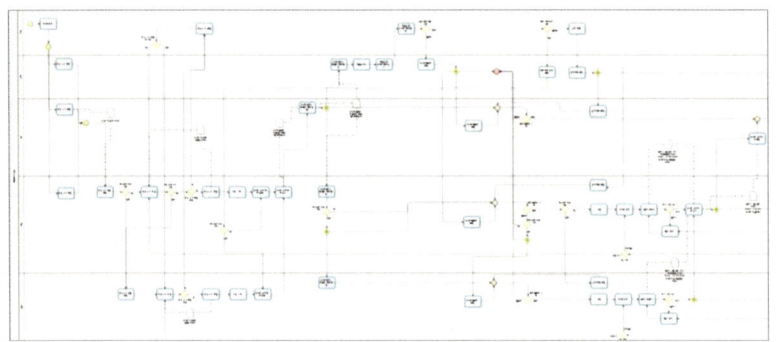

[그림 80] 프로세스 표현 자체만을 생각한 프로세스 모델

리뷰하라

앞서 표현하라 단계에서 핵심내용만 남기는 것이 중요하다고 했다. 그렇지만 처음부터 어떤 것이 핵심인지 알 수는 없다. 일단 BPMN으로 프로세스를 표현한 다음 관련자들과 리뷰를 통해서 빨간 펜을 동원해 가며 프로세스를 다듬고 핵심이 아닌 것은 가지치기하는 작업을 거쳤다.

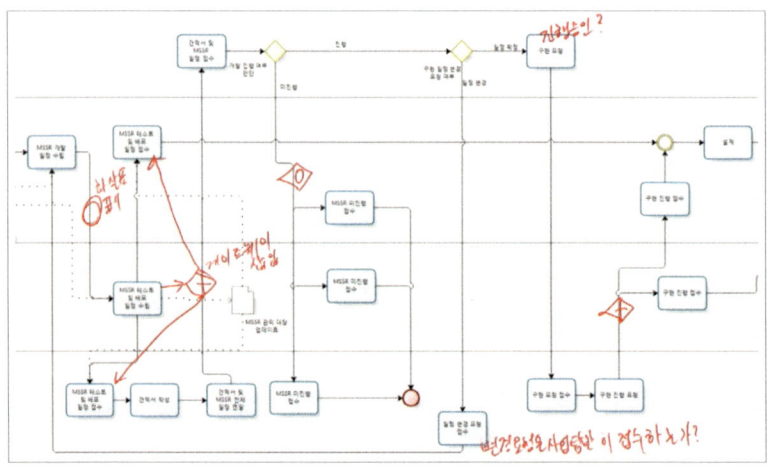

[그림 81] 리뷰한 프로세스 모델

관련자들이 귀찮아할 정도로 많은 미팅과 프로세스 리뷰를 요청해서 결국에는 많이 다듬은 결과 아래와 같은 최종 프로세스 모델을 그리는 데 성공했고 이 내용으로 시스템화하기로 합의했다.

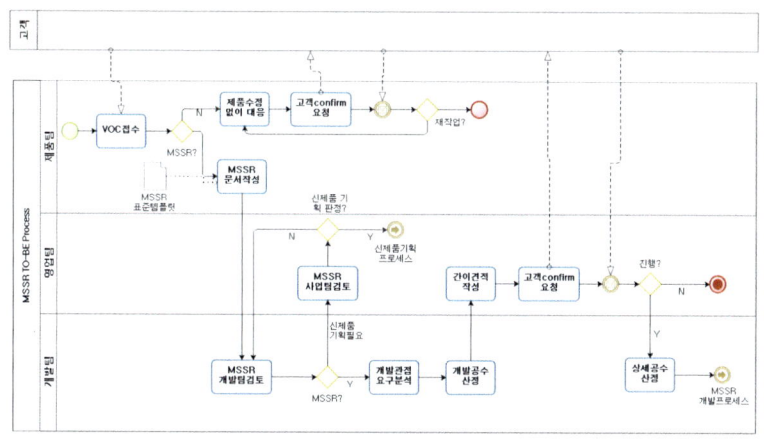

[그림 82] 1단계 시각화 완료한 프로세스 모델

2단계 시스템화

변환하라

• 시각화한 프로세스BPMN를 JIRA 워크플로우에 맞게 변환

JIRA에 1단계에서 시각화 완료한 프로세스 모델을 JIRA의 워크플로우로 구현하려고 보니 너무 BPMN 형식에 충실했던 나머지 JIRA 워크플로우로 가져가기 힘든 내용들이 많이 섞여 있었다.

중간 이벤트나 병렬 게이트웨이 같은 것들은 JIRA에서 표현하기가 어려웠다. JIRA의 워크플로우로 구현하는 과정에서는 BPMN의 내용을 단순화할 필요가 있다고 생각하여 액티비티와 exclusive 게이트웨이만 남기고 다 정리했다. 이 상태가 되니 JIRA의 워크플로우로 갈 수 있겠다는 생각이 들었다.

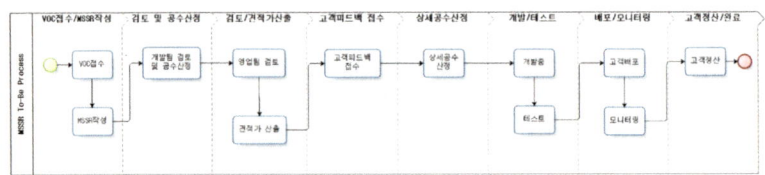

[그림 83] JIRA의 워크플로우에 맞게 변환한 프로세스

구현하라

• 엑셀 ->커스텀 필드/스크린 설계

다음으로는 그동안 엑셀로 사용해오던 양식에서 JIRA의 커스텀 필드로 만드는 데 필요한 필드만을 식별하고 어떤 유형으로 할지 결정하는 작업을 수행했다. 아직 JIRA에 구현하기 전이었기 때문에 엑셀로 JIRA의 데이터 유형을 감안하여 무엇으로 할지 결정했다. 그리고 스크린 설정을 통해 어떤 순서로 필드가 나오게 할 것인지도 정했는데 엑셀에서는 각 항목이 가로로 배열되는 데 반해 JIRA에서는 기본적으로 세로 배열이 되므로 다르다는 점을 고려해서 데이터 표시 순서를 세로방향으로 커스텀 필드들을 나열해서 설계 단계를 마무리 지었다

• JIRA 실제 구현/테스트

다음으로 설계한 내용을 가지고 JIRA에 실제로 구현할 시기가 되었다. 그동안 쌓아온 JIRA 기본사용법, 관리자 사용법을 총동원해서 실제로 사용자들이 사용하게 될 손에 잡히는 무엇인가를 만든다는 생각에 가장 신나게 작업했던 기억이 난다. 여담이지만 나는 무언가를 새로 만들어 내거나 고장 나서 제대로 동작하지 않던 것을 고쳐서 정상상태로 만드는 과정에서 큰 재미와 보람을 느낀다. 실제 작업은

이슈타입 생성하고 전 단계에서 정의해 둔 커스텀 필드, 스크린 설계를 참고하여 하나하나 모양을 갖추어 나가는 식으로 만들어냈다. 그 다음에는 워크플로우를 구현해서 상태가 제대로 바뀌는지 점검했다.

여기서 조심해야 할 점은 워크플로우가 복잡해지면 상태를 전이하는 화살표transition가 매우 복잡해진다는 것이다. 복잡한 화살표들을 보고 있노라면 엉킨 실타래처럼 보이는 경우가 있다. '기능만 동작하면 되지, 뭐'하고 생각할 수도 있겠지만, 여건이 허용하는 한 가급적 워크플로우도 보기 좋게 정리해 둘 것을 권하고 싶다. 한 가지 팁이라고 하면 BPMN의 스윔레인 형태를 그대로 워크플로우로 구현하는 것이 좋다.

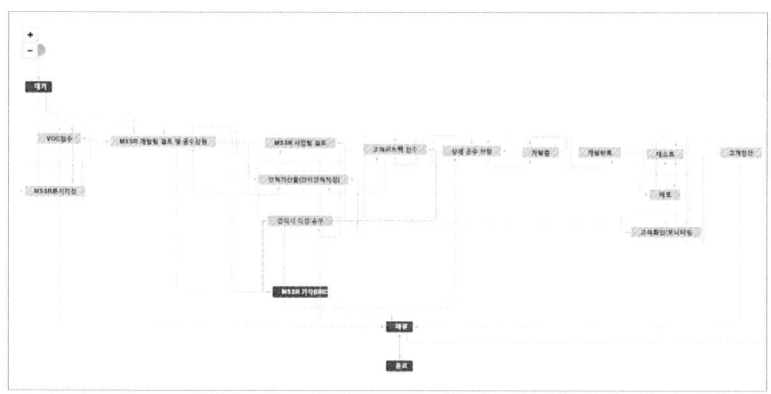

[그림 84] JIRA에 구현된 실제 워크플로우

워크플로우까지 만들어 낸 다음에는 우리 팀 내부적으로 테스트를 시행했다. 워낙 안정적으로 동작하는 JIRA 기반을 사용하기에 기본적인 기능은 테스트 대상에서 제외하고 실제 데이터를 입력해 보면서 커스텀 필드 유형이 데이터 유형과 맞는지 스크린 순서는 적절한지 워크플로우는 잘 동작하는지 위주로 테스트를 진행했다. 구현과 테스트는 1개월도 걸리지 않았다. 보름 정도 걸렸던 것 같다.

통찰하라

아래와 같은 공통 대시보드를 제공하여 프로세스 아이템들의 통계를 보여주었다.

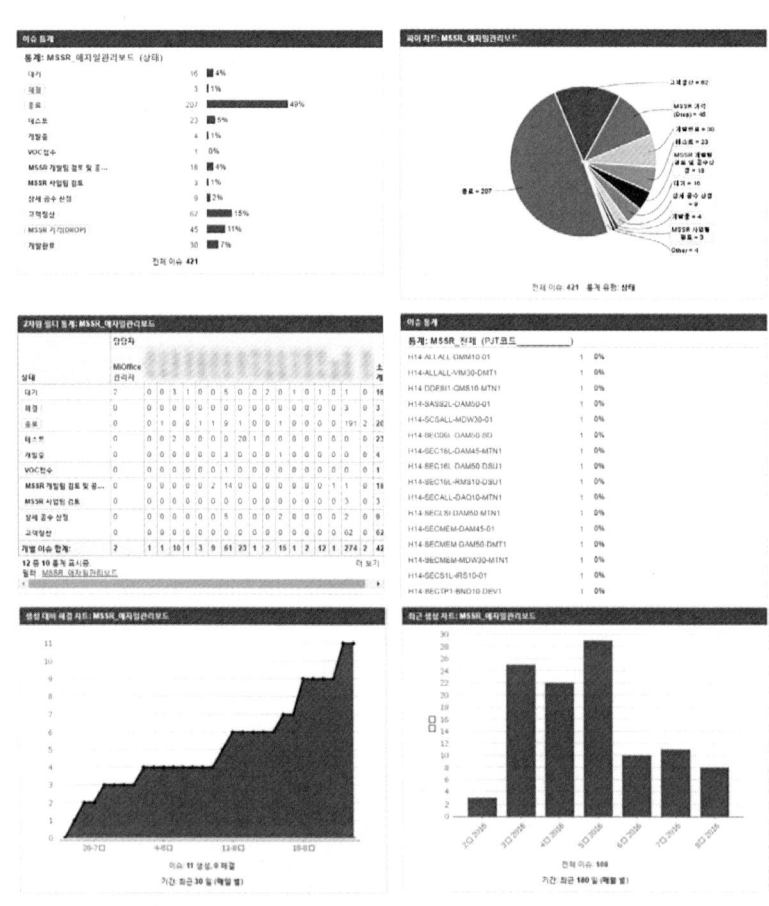

[그림 85] 프로세스 아이템의 통계를 다양한 관점으로 보여주는 대시보드

3단계 체화

이야기하라

• 매뉴얼 작성/서비스 오픈/교육

　이 시기에는 구현과 테스트가 완료된 서비스 내용을 사용자들이 보고 참고할 수 있는 매뉴얼을 confluence에 작성하였고 형식은 따라하기 위주의 튜토리얼 형식으로 작성해 두었다. 서비스 사용 대상자들에게 서비스를 사용개시 한다는 공지를 하면서 동시에 사용법에 대한 교육소집일정을 잡아서 함께 공지 내용에 포함했다. 그간 엑셀 기반으로 업무를 진행하면서 겪었던 어려움을 어떻게 개선했는지가 사용자들이 생각했던 주요 포인트였던 것으로 기억한다. 사용자들은 어쨌든 교육한 내용은 알겠다고 이야기했고 일단 사용해보겠다며 돌아갔다.

• 1차 실사용 실패/방치

　서비스 오픈 후 2~3개월이 지나 잘 쓰고 있겠거니 하면서 별로 신경을 쓰지 않고 있었는데, 서비스가 제대로 사용되지 않고 있는 징후들이 발견되었다. 그래서 현상 파악을 해 보니 사용자들은 예전 방식으로 돌아가 버린 상태로 새로 만든 서비스는 방치되고 있었다. 이유를 물어보니 워크플로우가 너무 복잡해서 직관적이지 않고 JIRA가 새로운 시스템이다 보니 사용법도 적응하지 못해서라고 대답했다. 나는 워크플로우가 핵심인데 그 핵심 기능이 쓰기 어렵다면 근본적으로 문제가 있다고 판단하고 좀 더 쉬운 방법이 있을지 찾아봐야겠다는 생각이 들어 여러 방법을 알아보는 시간을 가졌다. 그리고 사용자들의 새로운 서비스에 대한 저항 내지는 거부감에 대한 것도 느낄 수 있었다. 누구에게나 하던 대로 하는 것이 가장 편하다. 아무리 새로운 서비스가 좋다고 해도 너무 급작스러운 변화는 사용자들이 따라오기에 버거울 수 있다는 점에 대해 간과했음을 반성했다.

• 2차 작업 시작

1차 서비스 오픈의 실패 요인과 개선방향을 토대로 아래와 같은 개선을 실시했다.

- 프로세스 더 간결화(액티비티(상태) 수 20개 → 8개)

- 칸반으로 변경해서 프로세스를 직관적으로 사용할 수 있도록 함

- 프로세스 돌아가기 추가

- 대시보드 제공

- Confluence와 연계(사양서 작성)

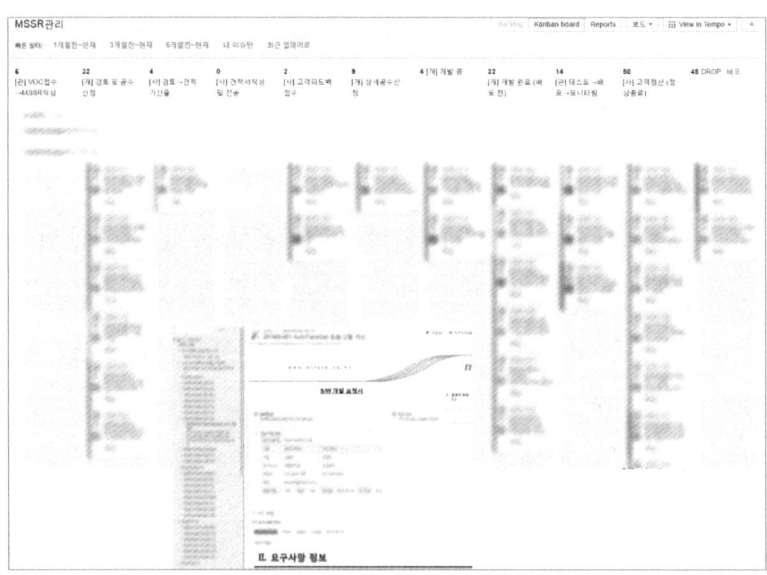

[그림 86] 최종적으로 완성된 칸반으로 흐르는 프로세스 데이터와
Confluence에 작성하는 요구사항 문서

일단 너무 많았던 액티비티부터 다이어트를 실시했다. 처음에 만든 프로세스는 사용자들이 말한 내용을 곧이곧대로 반영하려 했던 나머지 상태의 수가 너무 많았다. 20여 개 되는 상태를 핵심이 되는 도저히 뺄 수가 없는 8개로 줄였다. 그다음으로 8개로 줄어든 상태를 칸반 보드를 생성해서 매핑했다. 프로세스 상태 변경이 어렵고 어떤 상태에 있는지 글자만 봐서는 알기 어렵다는 불만사항에 대한 나의 해결책이 칸반 보드를 사용하도록 한다는 것이었다.

나중에 깨닫게 되었지만 칸반 보드의 적용이 결과적으로 2차 서비스개선이 성공한 결정적 요인이 되었다고 자평한다. 프로세스는 만질 수 있어야 한다는 아이디어를 이때 얻게 되었다. 거기에 더하여 전진하는 방향으로만 진행할 수 있었던 워크플로우를 앞 상태로 되돌릴 수 있도록 했다. 사람들이 손으로 진행시키는 워크플로우이기 때문에 실수로 잘못 조작하는 경우가 발생했는데 이를 되돌리기 위한 뒤로 가는 상태 전이도 만들어 주어 실수를 사용자 스스로 복구할 수 있도록 해주었다. 추가로 대시보드를 한층 더 개선해서 다양한 관점에서의 차트를 통해 데이터를 볼 수 있도록 제공했으며, 서비스에 관련된 문서(사양서)도 confluence에 만들어 서로 링크가 되도록 하는 기능도 추가해 주었다.

• 2차 서비스 오픈

2차 개선 작업을 마무리하고 다시 사용자들을 소집해서 재교육을 실시했다. 먼저 칸반으로 바뀐 사용법을 가르쳐 주니 반응이 상당히 좋았다. 드래그 앤 드롭으로 손으로 옮기면 된다는 간단함이 좋게 느껴진 모양이었다. 그리고 confluence와 연계한 부분에 대한 반응도 좋았다.

표준화하라

• 프로세스 활성화/안정화 성공

그렇게 2차 개선까지 실시한 유상 서비스 프로세스는 사용자들도 적극적으로 사용하기 시작했고 2년 이상 표준 업무 수행방법으로 자리 잡았다. 서비스 엔지니어가 소속된 부서에서는 서비스 이력에 대한 데이터를 보면서 업무현황을 파악할 수 있게 되었고, 고객에게 대금을 청구하는 영업부서에서도 얼마만큼의 서비스가 발생했고 발생한 비용이 얼마나 되는지 실시간으로 정확하게 파악하는 것이 가능해졌다.

문화로 만들어라

그 후에 유상 서비스 업무 개선의 성공을 바탕으로 여러 다른 업무들도 JIRA에 시스템화하는 과정을 거쳐 운영하고 있다. JIRA는 특히나 여러 사람이 협업해야 하는 상황에서 매우 강점을 보인다고 생각한다. 그리고 시각화하고 시스템화한 프로세스가 자리 잡기까지는 마치 어린아이를 키우듯이 끊임없는 관심과 노력을 기울여주어야 자리를 잡는 데 성공할 수 있다는 교훈 또한 얻을 수 있었다.

10. 자신을 믿고 세상으로 나아가라

내가 생각하는 업무수행에서 진정한 주인은 이런 사람이다. 이 업무를 왜 수행해야 하는지에 대한 의의를 스스로 이해하고 있는 사람, 혼자서는 아무것도 완성하지 못함을 알고 모두가 더 나은 상황으로 가기 위한 협업과 커뮤니케이션의 중요성을 무엇보다 크게 느끼고 있는 사람, 자신의 부족함을 인정하고 이론이나 지식을 습득함에 거침이 없으며 있는 그대로 받아들인 후 핵심을 파악해서 자신의 것으로 소화하여 자신의 필요에 따라 상황에 맞게 적용할 줄 아는 사람, 변화를 거부하지 않고 지극히 당연하고 자연스러운 것으로 받아들일 뿐만 아니라 오히려 적극적으로 변화를 만들어 가려고 노력하는 사람, 말만이 아닌 행동과 실천으로 보여주는 사람을 진정하게 주인의식을 가지고 업무에 임하는 사람이라고 본다.

당신은 이 책을 통하여 새로운 지식을 얻게 되었을 수도 있고 새로운 도구를 알게 되었을 수도 있다. 또 내가 실천법이라 부르는 한 번 속는 셈 치고 따라 하여 볼만한 방법론도 새로이 알게 되었을 것이다. 책을 다 읽고 덮은 다음에 '내 실제 상황과는 맞지 않으니 그냥 알고만 있자'라고 생각하지 않았으면 한다. 실천법 전체를 한 번에 적용하기가 어렵다면 일부분만이라도 적용해 보는 노력을 해보자. BPMN으로 업무를 표현해 보라. 부분만 실천해봐도 좋다. JIRA라는 것을 실제로 설치하거나 클라우드 서비스에 유저 등록이라도 해보고 어떤 것인지만 몸소 체험해 보아도 좋다. 당신이 스스로 의지를 갖고 작은 움직임이라도 만들어 내고, 이 책을 통해 알게 된 새로운 방법들을 조금이라도 더 실제 업무에 적용해 보고자 노력하는 자세가 필요하다. 결국, 실행하고자 하는 마음가짐이 가장 중요한 것이다.

실천하는 사람 또는 실행으로 옮기는 사람의 비율이 얼마나 되는지 아는가?

비행기의 일등석은 비행기의 크기에 따라 다르기는 하지만 전체 300석인 비행기라면 그중에 9석이다. 일등석은 보통 사람들이 많이 타는 이코노미 클래스 할인 티켓 가격의 20배 정도 비싼 비용을 지불해야 탈 수 있다. 일등석에 앉을 수 있는 사람이라면 자기 분야에서 앞서가는 사람이라고 볼 수 있다. 실행 없이 앞서 나갈 수 있는 사람은 없다.

미국의 한 유명한 부자가 돈 버는 방법에 대해 강의를 하는데 실제로 그 말대로 따라 해서 부자가 되는 사람은 100명 중 2~3명 정도라고 한다. 여러 사례와 통찰들을 종합해 보고 내가 내린 결론은 '실천하는 사람의 비율은 3%'였다. 한 귀로 듣고 한 귀로 그냥 흘려버리는 사람이 그렇게 많다는 말이다.

나도 일 년 전에 실행의 중요성을 절실히 느끼고 작은 실천이라도 해보는 습관이 생기기 전까지는 '듣고서 흘려버리는 사람'이었다. 내 경우에 실행하는 습관이 생기게 된 계기는 사다 놓고서는 몇 개월이나 방치해 두었던 화이트보드에 『일본전산 이야기』라는 책을 읽고 거기서 말하는 구호인 '즉시 한다! 반드시 한다! 될 때까지 한다!'가 너무 마음에 들어 직접 손을 움직여 써 봤던 작은 행동 하나가 결정적인 계기였다. 남은 공간에는 내가 진정으로 원하는 것, 되고 싶은 모습, 따르고 싶은 신념과 같은 책을 읽으면서 본 이런저런 좋은 글들을 채워 나갔다. 내 방 책상에 앉으면 항상 보이는 곳에 두고 보면서 마음을 다질 수 있었고, 썼다가 지웠다가를 반복하면서 실천하는 스스로의 모습에 자신감이 붙는 것을 몸으로 느낄 수 있었다. 그 과정에서 'SW를 통해 사람들을 삶의 진정한 주인으로 만든다'라는 개인적인 사명mission도 찾을 수 있었던 것이 큰 수확이다. 생각이 바뀐 이후로 수많은 긍정적인 변화가 생겼다. 나의 인생 전체로 봤을 때도 가장 극적인 변화라고 스스로 인정할 정도의 크나큰 혁명을 체험하고 있다. 그 계기가 대단한 수행을 거쳐 깨달음을 얻어서가 아니라 그저 화이트보드에 그저 한 번 인상 깊었던 문구를 쓴 것에서 출발했다는 사실이 나 스스로도 신기하기만 하다.

나는 당신이 바로 그 실천하는 3%에 해당하는 사람이기를 진심으로 바란다. 실천하는 것의 중요성을 알고 몸소 증명하는 사람이었으면 한다. 나는 그런 생각을 하는 사람이라면 모두 친구라고 생각한다. 나는 그 친구를 위해 어떤 도움이라도 주고 싶은 마음을 가지고 있다. 실제로 이 책을 쓴 이유도 거기에 있다. 실천하는 사람을 위해 미천하지만, 나의 경험을 전달해 주어 그가 시행착오로 인해 시간과 노력을 허비하지 않도록 조금이나마 도움을 주고 싶었기 때문이다.

당신은 실천하는 사람인가? 자신의 삶과 업무수행에서 진정한 주인이라고 생각하는가? '그렇다'라고 대답할 수 있는 사람이라면 이미 실천을 하고 있을테고, '아니다'라는 생각이 드는 사람이라도 이 책에서 소개하고 있는 내용 중에 가장 적용하기 쉬운 부분부터 하나씩 시도해 보기를 바란다. 실천법을 따라하고 실천법을 이해하고 실천법을 당신만의 것으로 새롭게 만들어라. 당신이 당신의 세계에서 당신의 삶에서 진정한 주인이 되기를 진심으로 기원한다.

> 지나가야 할 문이 아무리 좁다고 해도
> 어떤 형벌이 내릴지라도 상관하지 않는다.
> 나는 내 운명의 주인이며,
> 내 영혼의 선장이다.
>
> - 「Invictus」, 윌리엄 어니스트 헨리(영국 시인, 비평가)